别让坏情绪，赶走好运气

别让人生
输给了心情

连山　编著

吉林出版集团股份有限公司

图书在版编目（CIP）数据

别让人生输给了心情 / 连山编著 . —— 长春：吉林
出版集团股份有限公司，2018.9
　　ISBN 978-7-5581-5783-7

Ⅰ．①别… Ⅱ．①连… Ⅲ．①人生哲学－通俗读物
Ⅳ．① B821-49

中国版本图书馆 CIP 数据核字（2018）第 221442 号

BIE RANG RENSHENG SHU GEI LE XINQING
别让人生输给了心情

编　　著：连　山
出版策划：孙　昶
项目统筹：孔庆梅
责任编辑：徐巧智　姜婷婷
装帧设计：韩立强
插图绘制：twins 水彩工作室
出　　版：吉林出版集团股份有限公司
　　　　　（长春市人民大街 4646 号，邮政编码：130021）
发　　行：吉林出版集团译文图书经营有限公司
　　　　　（http://shop34896900.taobao.com）
电　　话：总编办 0431-85656961　营销部 0431-85671728 / 85671730
印　　刷：天津海德伟业印务有限公司
开　　本：880mm×1230mm　　1 /32
印　　张：8
字　　数：160 千字
版　　次：2018 年 9 月第 1 版
印　　次：2018 年 9 月第 1 次印刷
书　　号：ISBN 978-7-5581-5783-7
定　　价：38.00 元

印装错误请与承印厂联系　　电话：022-82638777

　　我们每天都在经历各种各样的事情，以及这些事情给我们带来的诸多感受：时而冷静，时而冲动；时而精神焕发，时而萎靡不振。有时可以理智地去思考，有时又会失去控制地暴跳如雷；有时觉得生活充满了甜蜜和幸福，而有时又感觉生活是那么的无味和沉闷。这就是情绪在作怪，它存在于每个人的心中，而且在不同的时期、不同的场合产生着奇妙的效果。你是否也有过这样的体验：心情好的时候，看什么东西都顺眼，就连原来不喜欢的人也有了几分好感，对原来看不惯的事也觉得有了几分道理；而心情不好的时候，面对美味佳肴也难以下咽，再美丽的风景也视若无睹。情绪的影响力可见一斑，而成功和快乐总是属于那些善于控制自己情绪的人。善于控制自己的情绪的人，能在绝望的时候看到希望，能在黑暗的时候看到光明，所以他们心中永远燃烧着激情和乐观的火焰，永远拥有积极向上、不断奋斗的动力；而失败者并不是真的像他们所抱怨的那样缺少机会，或者是资历浅薄。其实，大多数失败者失意时总是一味地抱怨而不思东山再起，落后时不想奋起直追，消沉时只会借酒消愁，得意时却又忘乎所以。他们之所以失败，是因为他们没有很好地掌控自己的情绪。

因此，我们要擅于掌控自己的情绪，只有这样我们才不会沉沦。让生活失去笑声的不是挫折，而是内心的困惑；让脸上失去笑容的不是磨难，而是禁闭的心灵。没有谁的心情永远是轻松愉快的，战胜自我，控制情绪，就要从"心"开始。我们无法改变天气，却可以改变心情；我们无法控制别人，但可以掌控自己。心态可以决定命运，情绪可以左右生活。早晨起来，先给自己一个笑脸，你一天都会有好心情。好情绪会融洽人与人之间的关系，好情绪会让人生充满欢声笑语。如何掌控好自己的情绪，如何疏导和激发情绪，如何利用情绪的自我调节来改善与他人的关系，是我们人生的必修课。

本书从实际应用入手，通过大量案例，解析了关于情绪的种种问题，帮助读者了解情绪，掌控情绪并走出情绪陷阱。书中所述都是无数成功人士拼搏人生的智慧和经验的总结，每一条都是在实践中摸爬滚打，走了无数条弯路，经受了无数次挫折才得来的，为处于人生十字路口不知何去何从的年轻人带来了实质性的指导，帮助他们塑造一个平和、充实的人生，同时，也为那些正处于负面情绪中的人们提供一个走出困境的途径，帮助他们重新回到积极、乐观的生活中来。管理好情绪，你的能力才能加速提升，你的境界才能实现质的飞跃。不要把时间浪费在无用的事物上，优秀的人从来不会在情绪上浪费时间！

目录

第一章

为坏情绪买单，太贵

第二章

恨不能一日千里，往往事与愿违

第三章

每一个优秀的人，都有一段沉默的时光

第四章

颜值时代，更拼"言值"

第五章

跟自己较量，和别人共用能量

第六章

带着你的微笑和武器，面对人生的不期而遇

第七章

有些事没那么重要，就随它去吧

第八章

路还很长，我还年轻，一切归零

为坏情绪买单，
太贵

我们把世界看错了，反说世界欺骗我们

在我们这个世界上，许许多多的人都认为公平合理是生活中应有的现象。我们经常听人说："这不公平！""因为我没有那样做，你也没有权利那样做。"我们整天要求公平合理，每当发现公平不存在时，心里便不高兴。应当说，要求公平并不是错误的心理，但是，如果不能获得公平，就产生一种消极的情绪，这个问题就要注意了。

实际上绝对的公平并不存在，你要寻找绝对公平，就如同寻找神话传说中的宝物一样，是永远也找不到的。这个世界不是根据公平的原则而创造的，譬如，鸟吃虫子，对虫子来说是不公平的；蜘蛛吃苍蝇，对苍蝇来说是不公平的；豹吃狼、狼吃獾、獾吃鼠、鼠又吃……只要看看大自然就可以明白，这个世界并没有公平。飓风、海啸、地震等都是不公平的，公平只是神话中的概念。人们每天都过着不公平的生活，快乐或不快乐是与公平无关的。

这并不是人类的悲哀，只是一种真实情况。

生活不总是公平的，这着实让人不愉快，却是我们不得不接受的真实处境。我们许多人所犯的一个错误便是为了自己或他人

感到遗憾，认为生活应该是公平的，或者终有一天会公平。其实不然，绝对的公平现在不会有，将来也不会有。

承认生活中充满着不公平这一事实的一个好处便是能激励我们去尽己所能，而不再自我伤感。我们知道让每件事情完美并不是"生活的使命"，而是我们自己对生活的挑战，承认这一事实也会让我们不再为他人遗憾。

每个人在成长、面对现实、做种种决定的过程中都会遇到不同的难题，每个人都有成为牺牲品或遭到不公正对待的时候，承认生活并不总是公平这一事实，并不意味着我们不必尽己所能去改善生活，去改变整个世界；恰恰相反，它正表明我们应该这样做。

当我们没有意识到或不承认生活并不公平时，我们往往怜悯他人也怜悯自己，而怜悯自然是一种于事无补的失败主义的情绪，它只能令人感觉比现在更糟。但当我们真正意识到生活并不公平时，我们会对他人也对自己怀有同情，而同情是一种由衷的情感，所到之处都会散发出充满爱意的仁慈。当你发现自己在思考世界上的种种不公正时，可要提醒自己这一基本的事实。你或许会惊奇地发现它会将你从自我怜悯中拉出来，使你采取一些具有积极意义的行动。

公平公正能够向往，但不能依赖和强求，不要把堕落的责任推诸他人，更不能自欺欺人！许多不公平的经历我们是无法逃避的，也是无从选择的，我们只能接受已经存在的事实并进行自我调整，抗拒不但能毁了自己的生活，而且还会使自己精神崩溃。

因此，人在无法改变不公和厄运时，只有学会接受它、适应它才能把人生航向调转过来，才能驶往自己真正的理想目的地。

人生有多残酷，你就该有多坚强

成就平平的人往往是善于发现困难的"天才"，他们善于在每一项任务中都看到困难。他们莫名其妙地担心前进路上的困难，这使他们勇气尽失。他们对于困难似乎有惊人的"预见"能力。一旦开始行动，他们就开始寻找困难，时时刻刻等待着困难的出现。当然，最终他们发现了困难，并且被困难击败。这些人似乎戴着一副有色眼镜，除了困难，他们什么也看不见。他们前进的路上总是充满了"如果""但是""或者"和"不能"。这些东西足以使他们止步不前。

一个向困难屈服的人必定会一事无成，很多人不明白这一点。一个人的成就与他战胜困难的能力成正比。他战胜越多别人所不能战胜的困难，他取得的成就也就越大。如果你足够强大，那么困难和障碍会显得微不足道；如果你很弱小，那么障碍和困难就显得难以克服。有的人虽然知道自己要追求什么，却畏惧成功道路上的困难。他们常常把一个小小的困难想象得比登天还难，一味地悲观叹息，直到失去了克服困难的机会。那些因为一点点困难就止步不前的人，与没有任何志向、抱负的庸人无异，他们终将一事无成。

成就大业的人，面对困难时从不犹豫徘徊，从不怀疑自己克

别让人生输给了心情

服困难的能力，他们总是能紧紧抓住自己的目标。对他们来说，自己的目标是伟大而令人兴奋的，他们会向着自己的目标坚持不懈地攀登，而暂时的困难对他们来说则微不足道。伟人只关心一个问题："这件事情可以完成吗？"而不管他将遇到多少困难。只要事情是可能的，所有的困难就都可以克服。

我们不能成为一个自己给自己制造障碍的人。如果一切事情都依靠这种人，结果就会一事无成。如果听从这些人的建议，那么造福这个世界的一切伟大创造和成就都不会存在。

一个会取得成功的人也会看到困难，却从不惧怕困难，因为他相信自己能战胜这些困难，他相信一往无前的勇气能扫除这些障碍。有了决心和信心，这些困难又能算得了什么呢？对拿破仑

来说，阿尔卑斯山算不了什么。并非阿尔卑斯山不可怕，冬天的阿尔卑斯山几乎是不可翻越的，但拿破仑觉得自己比阿尔卑斯山更强大。

虽然在法国将军们的眼里，翻越阿尔卑斯山太困难了，但是他们那伟大领袖的目光早已越过了阿尔卑斯山上的终年积雪，看到了山那边碧绿的平原。

乐观地面对困难，多一些快乐，少一些烦恼，你会惊奇地发现，这不仅会使你的工作充满乐趣，还会让你获得幸福。你会发现，自己成了一个更优秀、更完美的人。你用充满阳光的心灵轻松地去面对困难，就能保持自己心灵的和谐。而有的人却因为这些困难而痛苦，失去了心灵的和谐。

你怎样看待周围的事物完全取决于你自己的态度。每一个人的心中都有乐观向上的力量，它使你在黑暗中看到光明，在痛苦中看到快乐。每一个人都有一个水晶镜片，可以把昏暗的光线变成七色的彩虹。

夏洛特·吉尔曼在他的《一块绊脚石》中描述了一个登山的行者，突然发现一块巨大的石头摆在他的面前，挡住了他的去路。他悲观失望，祈求这块巨石赶快离开。但它一动不动。他愤怒了，大声咒骂，他跪下祈求它让路，它仍旧纹丝不动。行者无助地坐在这块石头前，突然间他鼓起了勇气，最终解决了困难。用他自己的话说："我摘下帽子，拿起我的手杖，卸下我沉重的负担，我径直向着那可恶的石头冲过去，不经意间，我就翻了过去，好

　　　　别让人生输给了心情

像它根本不存在一样。如果我们下定决心，直面困难，而不是畏缩不前，那么，大部分的困难就根本不算什么困难。"

生命中的痛苦是盐，它的咸淡取决于盛它的容器

从前有座山，山里有座庙，庙里有个年轻的小和尚，他过得很不快乐，整天为了一些鸡毛蒜皮的小事唉声叹气。后来，他对师父说："师父啊！我总是烦恼，爱生气，请您开示开示我吧！"

老和尚说："你先去集市买一袋盐。"

小和尚买回来后，老和尚吩咐道："你抓一把盐放入一杯水中，待盐溶化后，喝上一口。"小和尚喝完后，老和尚问："味道如何？"

小和尚皱着眉头答道："又咸又苦。"

然后，老和尚又带着小和尚来到湖边，吩咐道："你把剩下的盐撒进湖里，再尝尝湖水。"弟子撒完盐，弯腰捧起湖水尝了尝，老和尚问道："什么味道？"

"纯净甜美。"小和尚答道。

"尝到咸味了吗？"老和尚又问。

"没有。"小和尚答道。

老和尚点了点头，微笑着对小和尚说道："生命中的痛苦就像盐的咸味，我们所能感受和体验的程度，取决于我们将它放在多大的容器里。"小和尚若有所悟。

老和尚所说的容器，其实就是我们的心量，它的"容量"决定了痛苦的浓淡，心量越大烦恼越轻，心量越小烦恼越重。心量

小的人，容不得，忍不得，受不得，装不下大格局。有成就的人，往往也是心量宽广的人，看那些"心包太虚，量周沙界"的古圣大德，都为人类留下了丰富而宝贵的物质财富和精神财富。

其实，我们每个人一生中总会遇到许多盐粒似的痛苦，它们在苍白的心境下泛着清冷的白光，如果你的容器有限，就和不快乐的小和尚一样，只能尝到又咸又苦的盐水。

一个人的心量有多大，他的成就就有多大，不为一己之利去争、去斗、去夺，扫除报复之心和嫉妒之念，则心胸广阔天地宽。当你能把虚空宇宙都包容在心中时，你的心量自然就能如同天空一样广大。无论荣辱悲喜、成败冷暖，只要心量放大，自然能做到风雨不惊。

寒山曾问拾得："世间有人谤我、欺我、辱我、笑我、轻我、贱我、骗我，如何处之？"拾得答道："只要忍他、让他、避他、由他、耐他、敬他、不理他，再过几年，你且看他。"如果说生命中的痛苦是无法自控的，那么我们唯有拓宽自己的心量，才能获得人生的愉悦。通过内心的调整去适应、去承受必须经历的苦难，从苦涩中体味心量是否足够宽广，从忍耐中感悟暗夜中的成长。

心量是一个可开合的容器，当我们只顾自己的私欲，它就会愈缩愈小；当我们能站在别人的立场上考虑，它又会渐渐舒展开来。若事事斤斤计较，便把自心局限在一个很小的框框里。这种处世心态，既轻视了自身的能力，又轻视了自己的品格。

　　心量是大还是小，在于愿不愿意敞开自己的心。一念之差，心的格局便不一样，它可以大如宇宙，也可以小如微尘。我们的心，要和海一样，任何大江小溪都要容纳；要和云一样，任何天涯海角都愿遨游；要和山一样，任何飞禽走兽，都不排拒；要和土地一样，任何脚印车轨，都能承担。这样，我们才不会因一些小事而心绪不宁、烦躁苦闷！

　　把心打开吧，用更宽阔的心量来经营未来，你将拥有一个别样的人生！

生命的百孔千疮，是残忍的慈悲

"金无足赤，人无完人。"即使是全世界最出色的足球选手，10 次传球，也有 4 次失误；最棒的股票投资专家，也有马失前蹄的时候。我们每个人都不是完人，都有可能存在这样或那样的过失，谁能保证自己的一生不犯错误呢？也许只是程度不同罢了。如果你不断追求完美，对自己做错或没有达到完美标准的事深深自责，那么一辈子都会背着罪恶感生活。

过分苛求完美的人常常伴随着莫大的焦虑、沮丧和压抑。事情刚开始，他们就担心失败，生怕干得不够漂亮而不安，这就妨碍了他们全力以赴地去取得成功。而一旦遭遇失败，他们就会异常灰心，想尽快从失败的境遇中逃离。他们没有从失败中获取任何教训，而只是想方设法让自己避免尴尬的场面。

很显然，背负着如此沉重的精神包袱，不用说在事业上谋求成功，在自尊心、家庭问题、人际关系等方面，也不可能取得满意的效果。他们抱着一种不正确和不合逻辑的态度对待生活和工作，他们永远无法让自己感到满足。

日本有一名僧人叫奕堂，他曾在香积寺风外和尚处担任典座一职（即负责斋堂）。有一天，寺里有法事，由于情况特殊必须提早进食。乱了手脚的奕堂匆匆忙忙地把白萝卜、胡萝卜、青菜随便洗一洗，切成大块就放到锅里去煮。他没有想到青菜里居然有条小蛇，就把煮好的菜盛到碗里直接端出来给客人吃。

客人一点儿也没发觉。当法事结束，客人回去后，风外把奕堂叫去，风外用筷子把碗中的东西挑起来问他："这是什么？"奕堂仔细一看，原来是蛇头。他心想这下完了，不过还是若无其事地回答："那是个胡萝卜的蒂头。"奕堂说完就把蛇头拿过来，"咕噜"一声吞下去了。风外对此佩服不已。

智者即是如此，犯了错误，他不会一味地自责、内疚或寻找借口，而是采取适度的方式正确地对待。

张爱玲在她的小说《红玫瑰与白玫瑰》中写了男主角佟振保的爱恋，同时也一针见血地道破了男人的心理以及完美之梦的破灭：白玫瑰有如圣洁的恋人，红玫瑰则是热烈的情人。娶了白玫瑰，久而久之，变成了胸口的一粒白米饭；娶了红玫瑰，年复一年，则变成蚊帐上的一抹蚊子血，而白玫瑰则仿佛是床前明月光。

事实上，世界上根本就没有真正的"最大、最美"，人们要学会不对自己、他人苛求完美，对自己宽容一些，否则会浪费掉许许多多的时间和精力，最终只能在光阴蹉跎中悔恨。

世界并不完美，人生当有不足。对于每个人来讲，不完美的生活是客观存在的，无须怨天尤人。不要再继续偏执了，给自己的心留一条退路，不要因为不完美而恨自己，不要因为自己的一时之错而埋怨自己。看看身边的朋友，他们没有一个是十全十美的。

完美往往只会成为人生的负担，人绷紧了完美的弦，它却可能发不出优美的声音来。那些爱自己、宽容自己的人，才是生活的智者。

心不怨恨则宽容，心存善良则美好

我们常常在自己的脑子里预设一些规定，以为别人应该有什么样的行为，如果对方违反规定就会引起我们的怨恨。其实，因为别人对"我们"的规定置之不理就感到怨恨，是一件十分可笑的事。大多数人都一直以为，只要我们不原谅对方，就可以让对方得到一些教训，也就是说，只要我不原谅你，你就没有好日子过。而实际上，不原谅别人，表面上是那人不好，其实真正倒霉的人却是我们自己，生一肚子窝囊气不说，甚至连觉都睡不好。这样看来，报复不仅让我们不能实现对别人的打击，反倒对自己的内心是一种摧残。

有一位好莱坞的女演员，失恋后，怨恨和报复心使她的面容变得僵硬而多皱，她去找一位最有名的美容师为她美容。这位美容师深知她的心理状态，中肯地告诉她："你如果不消除心中的怨和恨，对他人多一点儿包容，我敢说全世界任何美容师也无法美化你的容貌。"

对待自己的最好方式唯有宽容，宽容能抚慰你暴躁的心绪，弥补不幸对你的伤害，让你不再纠缠于心灵毒蛇的咬噬，从而获得自由。

别让人生输给了心情

生活中，我们难免与别人产生误会、摩擦。如有的伤了自己的自尊，有的让自己下不了台，有的当众给了自己难堪，有的对自己有成见，等等。如果不注意，仇恨在心底悄悄滋长，你的心灵就会背负上报复的重负而无法获得自由。

宽容使给予者和接受者都受益。当真正的宽容产生时，没有疮疤留下，没有伤害，没有复仇的念头，只有愈合。宽容是一种医治的力量，不仅能医治被宽容者的缺陷，还可以挖掘出宽容者身上的伟大之处，正如美国作家哈伯德所说："宽容和受宽容是难以言喻的快乐，是连神明都会为之羡慕的极大乐事。"

1944 年冬天，苏军已经把德军赶出了国门，上百万的德国兵被俘虏。一天，一队德国战俘从莫斯科大街上穿过，所有的马路上都挤满了人。她们每一个人，都和德国人有着一笔血债。

妇女们怀着满腔仇恨，当俘虏出现时，她们把手攥成了拳头。士兵和警察们竭尽全力阻挡着她们，生怕她们控制不住自己。

这时，最令人意想不到的事情发生了：一位上了年纪的犹太妇女，从怀里掏出一个用印花布方巾包裹的东西。里面是一块黑面包，她不好意思地把它塞到一个疲惫不堪的、几乎站不住的俘虏的衣袋里。

她转过身对那些充满仇恨的同胞们说："当这些人手持武器出现在战场上时，他们是敌人。可当他们解除了武装出现在街道上时，他们是跟所有别的人，跟'我们'和'自己'一样的人。"

于是，整个气氛改变了。妇女们从四面八方一齐拥向俘虏，把面包、香烟等各种东西塞给这些战俘。

仇恨是带有毁灭性的情感，只会激化矛盾，酿成大祸。宽容的心却能轻易将恨意化解，让紧张的气氛化成脉脉温情。能将宽容之心给予敌人，已经可以称得上圣洁了，即便只是一个贫苦的犹太老妇人，也完全担得起"伟大"两个字。

人生总有存在的意义，如果只为一个仇恨的目的而生存，那么仇恨会毁掉你的心智、迷惑你的眼睛、吞噬你的心灵。报复是一把双刃剑，它不但会伤害到别人，还会使你自己落入恨的陷阱，恨会使你看不到人间的关爱与温暖，即使在夏日也只能感受到严冬般的寒冷。

既然我们都举目共望同样的星空，既然我们都是同一星球的旅伴，既然我们都生活在同一片蓝天下，那我们为什么还总是彼此为敌呢？请不要忘记世间唯有两个字可使你和他人的生活多姿多彩，那就是宽容。

如果抱怨能让你抱出金砖来，你就一抱再抱

在现实中，我们难免要遭遇挫折与不公正待遇，每当这时，有些人往往会产生不满，不满通常会引起牢骚，希望以此引起更多人的同情，吸引别人的注意力。从心理角度讲，这是一种正常的心理自卫行为。但这种自卫行为同时也是许多人心中的痛，牢骚、抱怨会削弱责任心，降低工作积极性，这几乎是所有人为之担心的问题。

通往成功的征途不可能一帆风顺，遭遇困难是常有的事。事业的低谷、种种的不如意让你仿佛置身于荒无人烟的沙漠，没有食物也没有水。这种漫长的、连绵不断的挫折往往比那些虽巨大却可以速战速决的困难更难战胜。在面对这些挫折时，许多人不是积极地去找一种方法化险为夷，绝处逢生，而是一味地急躁，抱怨命运的不公平，抱怨生活给予他的太少，抱怨时运的不佳。

奎尔是一家汽车修理厂的修理工，从进厂的第一天起，他就开始喋喋不休地抱怨，"修理这活儿太脏了，瞧瞧我身上弄的""真累呀，我简直讨厌死这份工作了"……每天，奎尔都在抱怨和不

满的情绪中度过。他认为自己在受煎熬，就像奴隶一样卖苦力。因此，奎尔每时每刻都窥视着师傅的眼神与行动，稍有空隙，他便偷懒耍滑，应付手中的工作。

转眼几年过去了，当时与奎尔一同进厂的三个工友，各自凭着精湛的手艺，或另谋高就，或被公司送进大学进修，独有奎尔，仍旧在抱怨声中做他讨厌的修理工。

提及抱怨与责任，有位企业领导者一针见血地指出："抱怨是失败的一个借口，是逃避责任的理由。这样的人没有胸怀，很难担当大任。"仔细观察任何一个管理健全的机构，你会发现，没有人会因为喋喋不休的抱怨而获得奖励和提升。这是再自然不过的事了。想象一下，船上水手如果总不停地抱怨：这艘船怎么

这么破，船上的环境太差了，食物简直难以下咽，以及有一个多么愚蠢的船长。这时，你认为，这名水手的责任心会有多大？对工作会尽职尽责吗？假如你是船长，你是否敢让他做重要的工作？

如果你受雇于某个公司，发誓对工作竭尽全力、主动负责吧！只要你依然还是整体中的一员，就不要谴责它，不要伤害它，否则你只会诋毁你的公司，同时也断送了自己的前程。如果你对公司、对工作有满腹的牢骚无从宣泄时，做个选择吧。一是选择离开，二是到公司的门外去宣泄，当你选择留在这里的时候，就应该做到在其位谋其政，全身心地投入到公司的工作上来，为更好地完成工作而努力。记住，这是你的责任。

一个人的发展往往会受到很多因素的影响，这些因素有很多是自己无法把握的，工作不被认同、才能不被重用、职业发展受挫、别人总用有色眼镜看自己……这时，能够拯救自己出泥潭的只有自己，与其抱怨不如去改变。

比尔·盖茨曾告诫初入社会的年轻人：社会是不公平的，这种不公平遍布于个人发展的每一个阶段。在这一现实面前任何急躁、抱怨都没有益处，只有坦然地接受这一现实并努力去寻求改变的方法，才能扭转这种不公平，使自己的事业有进一步发展的可能。

把眼泪留给最疼你的人，微笑留给伤你最深的人

一个成功的人，一个有眼光和思想的人，都会感谢折磨自己的人和事，唯有以这种态度面对人生，才能走向成功。

人生活在这个世界上，总会经历这样那样的烦心事，这些事总是会折磨人的心，使人不得安稳。尤其对于刚刚大学毕业的年轻人，他们刚在社会中立足，还未完全成长起来，却要承受社会的种种压力，比如待业、失恋、职场压力等。而且还没有摆脱学生气的他们本身就是一个脆弱的群体，往往在这些折磨面前束手无策。

其实，世间的事就是这样，如果你改变不了世界，那就要改变你自己。换一种眼光去看世界，你会发现所有的"折磨"其实都是促进你成长的"清新氧气"。

人们往往把外界的折磨看作人生中消极的、应该完全否定的东西。当然，外界的折磨不同于主动的冒险，冒险可以带来一种挑战的快感，而我们忍受折磨总是迫不得已的。但是，人生中的折磨总是完全消极的吗？清代金兰生在《格言联璧》中写道："经一番挫折，长一番见识；容一番横逆，增一番气度。"由此可见，那些挫折和折磨对人生不但不是消极的，还是一种促进你成长的积极因素。

生命是一次次的蜕变过程。唯有经历各种各样的折磨，才能增加生命的厚度。只有通过一次又一次与各种折磨握手，历经反

反复复几个回合的较量之后，人生的阅历就在这个过程中日积月累、不断丰富。

在人生的岔道口，若我们选择了一条平坦的大道，我们可能会有一个舒适而享乐的青春，但我们会失去很好的历练机会；若我们选择了坎坷的小路，我们的青春也许会充满痛苦，但人生的真谛也许因此被我们发现了。

蝴蝶的幼虫是在茧中度过的，当它的生命要发生质的飞跃时，狭小通道对它来讲无疑成了鬼门关，那娇嫩的身躯必须竭尽全力才可以破茧而出，许多幼虫在往外冲的时候力竭身亡。有人怀了悲悯恻隐之心，企图将那幼虫的生命通道修得宽阔一些，他们用剪刀把茧的洞口剪大。但是，这样一来，所有受到帮助而见到天日的蝴蝶无论如何也飞不起来，只能拖着丧失了飞翔功能的双翅在地上笨拙地爬行！原来，那"鬼门关"般的狭小茧洞恰是帮助蝴蝶幼虫两翼成长的关键所在：穿越的时候，通过用力挤压，血液才能被顺利输送到蝶翼的组织中去；唯有两翼充血，蝴蝶才能振翅飞翔。人为地将茧洞剪大，蝴蝶的翼翅就没有充血的机会，爬出来的蝴蝶便永远与飞翔绝缘。

一个人的成长过程恰似蝴蝶的破茧过程，在痛苦的挣扎中，意志得到磨炼，力量得到加强，心智得到提高，生命在痛苦中得到升华。当你从痛苦中走出来时，就会发现，你已经拥有了飞翔的力量。如果没有挫折，也许就会像那些受到"帮助"的蝴蝶一样，萎缩了双翼，平庸一生。

失败和挫折，其实并不可怕，正是它们才教会我们如何寻找经验与教训。如果一路都是坦途，那我们也只能沦为平庸。

没有经历过风霜雨雪的花朵，无论如何也结不出丰硕的果实。或许我们习惯羡慕他人获得的成功，但是别忘了，温室的花朵注定经不起风霜的考验。正所谓"台上十分钟，台下十年功"，在光荣的背后一定需要付出汗水与泪水。

所以，一个成功的人，一个有眼光和思想的人，都会感谢折磨自己的人和事，唯有以这种态度面对人生，才能走向成功。

一生气，你就输了

纵使人生中有再多的磨难和考验，我们也不能像一个被充满了的气球一样，"嘭"的一声，就剩下"粉身碎骨"。

气球越是鼓足了气，就越容易爆炸，人也是一样，心里存有太多气，不仅伤心也会伤身。莎士比亚说："不要因为您的敌人燃起一把火，您就把自己烧死。"所以，当我们意识到自己的情绪波动的时候，就应该努力用理智去控制，而不要让自己的情绪随意地发泄出来。

但是，现实生活中，能够以自己的理智控制情绪的人并不多。通常情况下，我们都是在情绪的左右下生活。有时候，很多事情堆积在一起，就会让我们很生气，甚至到了理智根本无法控制的局面。这个时候，我们不妨给自己找一个"出气口"，让自己的精神得到缓解，也就不会那么生气了。

古时有一个妇人，特别喜欢为一些琐碎的小事生气。她也知道自己这样不好，便去求一位高僧为自己谈禅说道，开阔心胸。

高僧听了她的讲述，一言不发地把她领到一个禅房中，落锁而去。妇人气得跳脚大骂。骂了许久，高僧也不理会。妇人又开始哀求，高僧仍置若罔闻。妇人终于沉默了。高僧来到门外，问她："你还生气吗？"妇人说："我只为我自己生气，我怎么会到这地方来受这份罪。""连自己都不原谅的人怎么能心如止水？"高僧拂袖而去。过了一会儿，高僧又问她："还生气吗？""不生气了。"妇人说。"为什么？""气也没有办法呀。""你的气并未消逝，还压在心里，爆发后将会更加剧烈。"高僧又离开了。高僧第三次来到门前，妇人告诉他："我不生气了，因为不值得气。""还知道值不值得，可见心中还有衡量，还是有气根。"高僧笑道。

当高僧的身影迎着夕阳立在门外时，妇人问高僧："大师，什么是气？"

高僧将手中的茶水倾洒于地。妇人视之良久，顿悟。叩谢而去。

何苦要气？何苦要拿别人的错误来惩罚自己？人生短短几十年，幸福和快乐尚且享受不尽，哪里还有时间去气呢？所以，我们应该学会消消气，学会控制自己的情绪。在生活中，遇到烦心事在所难免，此时，内心的郁闷、愤怒总想找个地方发泄一下，不然会感到心里憋得慌。找朋友或同学诉说自然是个好方法，但有时有些话不能对别人说，同时怒气也不能往别人身上撒。那怎么办呢？

网球巨星桑普拉斯一次在争夺大满贯杯冠军比赛时，与对手陷入苦战，不料中场休息时，他却在众目睽睽下，手抱浴巾，失声痛哭，原来当年他的启蒙教练兼好友因病亡故，心情已受影响，现在又在比赛中承受如此巨大的压力，因而百感交集地哭泣。有人可能会觉得怎么一个大男人竟会在这种公共场合落泪，然而桑普拉斯之所以能称霸网坛，除了他的球技外，在情绪及心理的反应上都高人一等，因此他能每每在紧要关头化险为夷，赢得胜利，包括那场比赛。

每个人都有不同的发泄方式，所以选择哭泣也不是什么丢脸的行为。只要我们没有做过伤害别人的事情，没有把别人当成自己的"出气筒"，那么即使满脸泪水又何妨？

苦难是精神最好的肥料

粪便是脏臭的，如果你把它一直储在粪池里，它就会一直臭下去。但是一旦它遇到土地，情况就不一样了。它和深厚的土地结合，就成了有益的肥料。

有一个人，做过农民，做过木匠，干过泥瓦工，收过破烂，卖过煤球，在感情上受到过欺骗，还打过一场3年之久的麻烦官司。他独自闯荡在一个又一个城市里，做着各种各样的活儿，居无定所，四处飘荡，经济上也没有任何保障。看起来仍然像一个农民，但是他与乡村里的农民不同的是，他虽然也日出而作，但是不日落而息——他热爱文学，写下了许多诗歌。每每读到他的诗歌，都让人觉得感动，同时惊奇。

"你这么复杂的经历怎么会写出这么柔情的作品呢？"他的

朋友曾经问他，"有时候我读你的作品总有一种感觉，觉得只有初恋的人才能写得出。"

"那你认为我该写出什么样的作品呢？"他笑。

"起码应该比这些作品沉重和黯淡些。"

他笑了，说："我是在农村长大的，农村家家都储粪。小时候，每当碰到别人往地里送粪时，我都会掩鼻而过。那时我觉得很奇怪，这么臭这么脏的东西，怎么就能使庄稼长得更壮实呢？后来，经历了这么多事，我发现自己并没有学坏，也没有堕落，就完全明白了粪和庄稼的关系。"

朋友一时没有理解。

他继续说："粪便是脏臭的，如果你把它一直储在粪池里，它就会一直臭下去。但是一旦它遇到土地，情况就不一样了。它和深厚的土地结合，就成了有益的肥料。对于一个人，苦难也就

好比粪便。如果把苦难与你精神世界里最广阔的那片土地相结合，它就会成为一种宝贵的营养，让你在苦难中体会到特别的甘甜和美好。"

这个智慧的人，他是对的。土地转化了粪便的性质，他的心灵转化了苦难的意义。在这转化中，每一道沟坎都成了他唇间的洌酒，每一道沟坎都成了他诗句的花瓣。他让苦难芬芳，他让苦难醉透。能够这样生活的人，多么让人钦羡。

吹尽黄沙始见金。生活中，我们要坦然面对苦难，默默地承受苦难，从苦难的积淀中捞出勇气、智慧、韧性，捞出成功的结晶和幸福的喜悦。

只有经过苦难的磨炼，生命的火花才会闪光发亮；只有在苦难中奋进，生命的花朵才会灿烂芬芳。

不要为旧的悲伤，浪费新的眼泪

为了采集眼前将逝的花朵而花费太多的时间和精力是不值得的，道路还长，前面还有更多的花朵，吸引我们一路走下去……

我们生活在现在，面向着未来，过去的一切，都被时间之水冲得一去不复返。所以，我们没有必要念念不忘曾经的那些不愉快、那些与别人的仇怨。念念不忘，只能被它腐蚀，而变得更加憎恨和怨怼。

文学大师鲁迅笔下的祥林嫂，心爱的儿子被狼叼走后，痛苦得心如刀剜，她逢人就诉说自己儿子的不幸。起初，人们对她还寄予同情，但她一而再、再而三地讲，周围的人们就开始厌烦，她自己也更加痛苦，以致麻木了。老是向别人反复讲述自己的痛苦，就会使自己久久不能忘记这些痛苦，更长久地受到痛苦的折磨。

当然，我们不是主张完全不去看它，采取逃避的态度。而是说，一方面，情感不要长久地停留在痛苦的事情上；另一方面，我们的理智应当多在挫折和坎坷上寻找突破口，力争克服它、解决它。

学会忘记可以使我们真正放下心中的烦恼和不平衡的情绪。让我们在失意之余，有机会喘一口气，恢复体力。

哲人康德是一位懂得忘怀之道的人，当有一天发现他最信赖又依靠的仆人兰佩，一直有计划地偷取他的财物时，便把仆人辞退了。但康德又十分怀念他。于是，他在日记上写下悲伤的一行："记住！要忘掉兰佩！"

真正说来，一个人并不那么容易忘掉伤心的往事。不过，当它浮现时，我们必须懂得不陷于悲伤的情绪，必须提防自己再度陷入愤恨、恐惧和无助的哀愁里。这时，最好的方法就是扭转念头去专心工作，计划未来，或者去运动、旅行。有一首诗说：

春有百花秋有月，夏有凉风冬有雪。
莫将闲事挂心头，便是人间好时节。

一个人如果学习了忘怀之道，不愉快便自然消失，代之而起的是朝气蓬勃的新生，成功将发出耀眼的光辉。有许多事情，遗

　别让人生输给了心情

忘是一种解脱，是心灵的净化，是伤口痊愈的良药。

一位风烛残年的老人在日记簿上记下了这段生命的醒悟：

如果我可以从头活一次，我要尝试更多的错误。我不会总朝后看，而不看未来的路。我情愿多休息，随遇而安，处世糊涂一点儿，不对已经发生的事难过或者伤悲。其实人生那么短暂，实在不值得花时间不停地缅怀过去。

如果可以的话，我会朝未来的道路前行，去自己没去过的地方，多旅行。以前我经常因为已经发生的些许小事情而懊恼，比如因为丢了东西而深深责备自己，一遍一遍假设要是把东西事先放好就好了，然后很长时间都在为丢失的东西心疼。此刻我是多么地后悔。过去的日子，我实在活得太小心，每一分每一秒都不容有失。稍微有了过失就埋怨和批评自己，还用同样的标准去对待别人，一遍一遍唠叨别人不对的地方。

如果一切可以重新开始，我不会过分在意宠辱得失，我也不会花很长的时间来诅咒那些伤害过我的人。诅咒或者伤悲都不能改变事实，还消磨了我生命中的时间。我会用心享受每一分、每一秒。如果可以重来，我只想美好的事情，用这个身体好好地感受世界的美丽与和谐。还有，我会去游乐园多玩几圈旋转木马，多看几次日出，和公园里的小朋友玩耍。

如果人生可以从头开始……但我知道，不可能了。

人生没有很多如果，人的生命和时间总是有限的，当你看完老人的日记以后也许就能明白为什么很多老人总是会有一副安详的表情，不急不躁，不过喜也不大悲，因为他们懂得时间的宝贵，把珍贵的时间用来感伤过去，那是在浪费生命。忘记过去，生命应该有更好的价值可以实现。

第二章

恨不能一日千里，
往往事与愿违

抬头之前先低头

"生当作人杰，死亦为鬼雄。至今思项羽，不肯过江东。"这是著名的女词人李清照赞颂西楚霸王项羽的一首诗，诗中虽然充满了豪情，却难免给人英雄气短的感觉。试想一下，如果当年项羽能够忍受一时的屈辱，过了江东之后重整人马，那么历史便很有可能被改写。

而他的对手刘邦，则将一个"忍"字发挥到了极致。刘邦为了将来的前程似锦，忍住浮华诱惑，锋芒暂隐，静待时机。这也许正是他最终战胜项羽的原因。

咸阳城内王室发生的剧变已经明显影响到了秦军的士气，恰逢刘邦招降，众士兵正中下怀，项羽这边听说刘邦西征军已经接近武关的消息，也颇为着急。章邯投降后，项羽不再有任何阻碍，率军火速攻向关中盆地的东边大门——函谷关。

十月，刘邦的军队进至灞上。咸阳城已完全没有了防卫的能力，秦王子婴主动投降，秦王朝正式灭亡。

刘邦大军历尽千辛万苦终于进入咸阳，此时刘邦对日后称霸天下有了莫大的野心和信心。

别让人生输给了心情

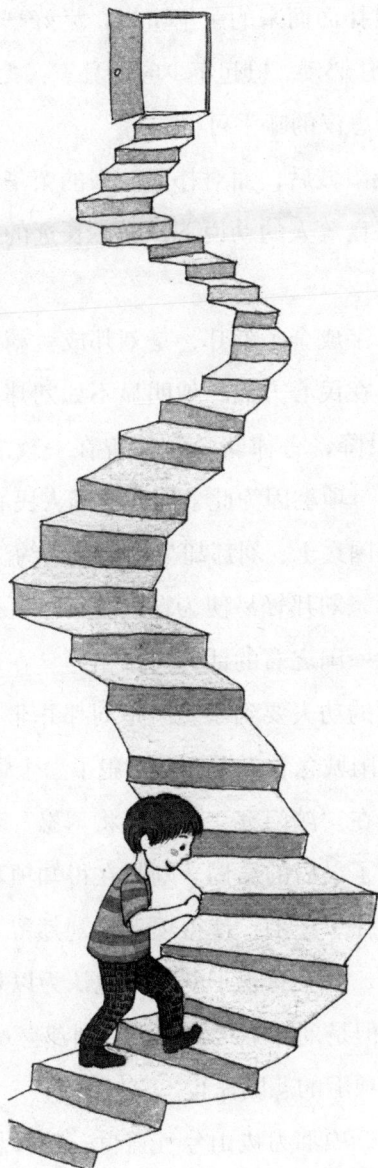

同时，面对扑面而来的荣华富贵，喜好享乐的刘邦竟然一时忘乎所以，忍不住心动，想起年少时的狂言："大丈夫当如是也。"一切都这样不可思议的唾手可得。

刘邦进入咸阳城后，面对扑面而来的荣华富贵，一时有些忘乎所以。但在张良等人的劝说下，为了长远的未来，刘邦忍下了享受的心。

一个"忍"字成全了刘邦，是刘邦成就霸业不可多得的秘密武器。而项羽，在民心方面，他明显不如刘邦。项羽嗜杀成性，不管对方是否投降，一律斩杀，他曾在一夜之间，设计歼害了二十万秦国降军。项羽因为此事而在秦国人民心中臭名昭著。

项羽残杀秦国兵士，刘邦却与秦地父老约法三章，谁是谁非，天下人自然明白。刘邦轻易便为自己赢得了百姓的信任，项羽虽然勇猛，但是做一国之君的话，尚嫌粗莽。在这一节上，刘邦的功夫显然比项羽的功夫要到家。但是刘邦并非一忍再忍，还军灞上之后，仍对咸阳城念念不忘，从而犯了一个致命的错误。

随后，刘邦在"鸿门宴"中更是将"忍"刻在了心头。这一场心理战，决定了最后的结局。刘邦在得知项羽要进攻的时候，镇定地用谎言骗住了项羽，使得项羽给刘邦留了一条生路。而项羽始终是轻敌的，尤其忽视了刘邦，他认为以刘邦的兵力，绝对不是他的对手。但是刘邦不跟他斗勇，刘邦喜欢斗智。

这就注定了项羽的悲剧命运。

就勇猛来说，项羽力拔山兮气盖世；就智慧来说，项羽也不

别让人生输给了心情

乏胆识与聪明；就实力来说，项羽是一代霸王，有过众望所归的气势。然而就是一个不能忍，破坏了他的全部计划，影响了最终的结局，可见，"忍"字的力量之大。

小不忍则乱大谋，忍人一时之疑，一定之辱，一方面是脱离被动的局面，同时也是一种对意志、毅力的磨炼，为日后的发愤图强和励精图治奠定了一定的基础。而不能忍者，可能要品尝自己急躁播下的苦果。

应届大学毕业生：你只值 300 元

我们一定要学会放低自己，以归零心态从社会的底层做起，这样才能让人生学位不断升值。

每到毕业时节，关于大学生就业的报道就会很大篇幅地占据媒体报道的重要位置。考虑到现在的经济形势，大学生就业难的状况，有一些大学生认为现代社会是一个讲求实力和经验的社会，自己刚刚毕业还没有实践经验，所以即使工资很低，只要能够给自己提供一个积累经验的平台，他们就可以接受。但是也有一些大学生，觉得自己已经接受了多年的教育，自然应该比其他没有读过书的人工资高，所以，他们接受不了低于基本消费线的工资。

低工资求锻炼的机会，高工资希望肯定自己的人生价值，同样的毕业生，却有着完全不同的想法，那么到底应该怎样看待这些大学生的价值呢？应届毕业生的工资，到底应该定位为多少钱呢？

用人单位给出一个数据：一般的应届毕业生只值 300 元。这个数据不一定准确，但是它告诉我们一个事实：现在大学生到处都是，而且刚毕业的学生没有工作经验，对社会了解得也很少。在这种情况下，大学生并没有什么优势。所以，大学应届毕业生不要高估自己的价值，要学会从零做起。

不可能每个人都出生在聚光灯下。大学生一毕业甚至还没毕业就找到一份好工作，从此一帆风顺的人毕竟是少之又少，更多的毕业生也只有和别人挤在一间不到 10 平方米的小屋里，每天找路边最便宜的餐馆，买张关于招聘的报纸，整日拿着一摞厚厚的简历奔波，往返于各个人才市场。对找工作的毕业生来说，那是一段艰难曲折的经历。

尽管历经波折，但是没必要害怕和烦躁。"蘑菇经历"是事业上最为漫长的磨炼，也是最痛苦的磨炼之一，它对人生价值的体现起到至关重要的作用。经过这个阶段的磨炼，你就会熟练地掌握当前从事工种的操作技能，提升一些为人处世的能力，以及培养战胜挫折、失败的意志，这也是最重要的。诸多能力的具备，为你将来职业的顺利发展铺平了道路。可是生活中很多人就是不愿意把头低下来，正确地评估自己，给自己定位，那么到头来无法提高自己，可能最终你的价值将到不了 300 元。

曾任微软副总裁的李开复雇用过一个助手，他很有能力，但他的一次自我评估，让李开复重新审视了他。这个助手在自我评估上说："虽然我是一个谦虚的人，但是我认为，我这一年的成就是不可思议的。"李开复知道，这个人自恃太高，觉得做自己的助手受委屈了。

于是，李开复告诉他："如果你真的认为自己做得那么好，你肯定不会安分地做这份工作，所以我认为你应该重新开始找事做，你认为多长时间能找到工作？"他说3个月。李开复给了他4个月的时间，让他去找工作。

3个月后，助手回到李开复的办公室，说："我还没找到工作，只剩一个月了，您能不能多给我一点儿时间？"李开复问了原因，助手回答："像我这么资深的人，您给我3个月是不够的，我需要9个月……"

李开复就又给了他两个月的时间，告诉他："如果6个月你还找不到工作，我需要你的一封辞职信，这是公司的规定。"然而，6个月之后，助手还是没有找到工作，按规定他离开了公司。又过了一个月，他打电话给李开复："我又回微软工作了。"李开复问他："你没有找到工作吗？"

他回答找到了，还是在微软，不过职位比在李开复手下工作时低两级。

面对人生的低起点，不要总是不知足，也不要总是不懂得把握。在我们还不具备一定的实力与经验的时候，总把自己看得太高，无疑会影响我们向他人学习的心态，影响我们正常的工作态度。当我们开始因为别人的不器重而懈怠的时候，其实是我们搬着石头挡住了自己的去路。

所以，不管我们的起点在哪里，都应该虚心地接受，一点一点地丰盈自己的翅膀，那么总有一天我们会展翅高飞的。

石头碰鸡蛋，为什么受伤的总是鸡蛋

俗话说：胳膊拧不过大腿。如果还没有足够的实力向权威挑战，你就主动与对方硬碰硬，那最终受伤的只会是你自己。

在日常工作中，经常会出现下级对上级领导不满意的现象。有很多人会选择沉默，虽然背地里发发牢骚，但是当领导分配任务的时候，还是会认真地去完成。但是也有一些人希望将自己的不满直接发泄出来，或者想要趁机给领导一点儿"教训"，这样的做法无疑是拿着鸡蛋碰石头，到头来受伤害的只有自己。

市场部换了新经理。这个经理的作风和之前的经理完全不同，李明和他的同事们有些不习惯。而且新经理对待下属极其严格，动辄高声批评，弄得人很尴尬，但是李明极力让上司满意。更为可气的是，新经理自己明明水平有限，却总是摆出一副行家的样子。李明他们最害怕的是新经理把自己关在屋里若干个时辰，然后很兴奋地拿出一份计划表出来，要求下属们在几天内完成。李明他们照计划去做时，很难行得通。

李明本来就是个仗义执言的人，他实在忍受不了了。有一天，他敲开经理室的门，直截了当地告诉他大家的意见。没想到经理的脸由白变红再恢复正常之后，很虚心地接受了李明提出的意见。

从此之后，新经理果然变了：对待下属温和多了，构想新的计划时也找来大家一起商议。

同事们都很感激李明，可李明还是感觉到经理对自己日渐冷淡，偶尔在办公楼里碰见也很尴尬。有时候李明想和他打招呼，他还会装成没看见一样走过去。

时间久了，李明觉得特别别扭，只好找了个理由主动辞职，离开了这家他工作多年的单位。

其实年轻人常犯这种错误，有些人血气方刚，碰到不满意的事情就会说出来，也不管上级和领导的感受。他们觉得如果不把问题解决掉，自己就无法继续工作。有些人虽然不敢当面去"撞石头"，但是也会被石头间接"撞碎"。

刘超所在部门的经理这些日子工作效率低下，有时还对工作一拖再拖，使得原定计划总是不得不推迟进行。总经理为此很不满意，部门经理却推说是手下的员工工作不努力，还告诉大家如果再不按时完成工作，就扣大家的奖金。刘超越想越觉得气愤，就写了份匿名报告交到总经理手中，谁知总经理不但不严格查处，还把这份报告交给刘超的经理处理。经理很快就知道这报告是刘超写的，就随便找了个理由把刘超辞退了。

越级打报告和直接打报告都是拿鸡蛋去撞石头，相比之下越级打报告可能会让当事人更加讨厌你，觉得你坏，有可能让你摔得更惨。

如果一定要越级报告，就要注意以下几点：其一，不要写匿名信，匿名信往往给人造谣中伤之印象，通常不会重视，而且匿名是纸包不住火的，高层领导迟早会知道是你做的；其二，所陈述的事实必须真实可信、有凭有据，所提出的建议，必须很有分量；其三，越级报告应当简明地陈述事实，越级报告的出发点应当着重于对公司事业的真诚关心，而不是一味地发泄自己的愤懑不平，希望高层领导"为你做主"，应该把个人的感情压抑下来，摆出"忧国忧民"的诚意。

总之，在选择越级报告的时候一定要慎重。如果没有弄清楚状况，就硬要拿着鸡蛋碰石头，到最后毁掉的只有自己的前程。

还当不了领头羊时，就先待在羊群里

我们常常不能正确地评估自己的实力，总觉得在目前的位置上是一种"屈才"，其实很多时候我们并不如自己想象中的那么强大。

没有人是天生的领导者，那些走向成功的人士，也是经历了一番痛苦磨炼的。所以，当我们还没有足够的能力撑起一片天的时候，就不要总是炫耀自己，总觉得自己比别人强，而应该虚心学习，期待有朝一日能够丰盈自己的翅膀，振翅高飞。

两个某大学计算机系的同学，在校时品学兼优，特别是在英文和计算机技术方面优势突出，毕业后一同到了北京一家著名的软件公司，令同学们羡慕得不得了。没想到，两个月后，同学甲就因为另外一家私企的经理位置而跳槽。当时他和同学乙商量一起走，乙对本公司文化已经非常认同，且不看好那家公司，苦劝甲不要贸然跳槽，可是被经理职位诱惑冲昏了头脑的甲去意已决，当月就走人了。然而他哪里想到，那家私企资金链异常脆弱，还处于四处融资阶段。不久后，就听说新公司运转出了问题，正常薪水无法发放，甲又跳槽了。在余下的两年中，甲就像一只无头苍蝇一样四处乱撞，一次比一次失望，后悔"早知如此……"在短短的几年时间里，甲已经相继涉足了软件、网络、销售、广告、媒体、汽车、保健品等多种行业。可谓"万金油"，什么都会一点儿，但什么都不精通、不专业，只好一直做初级工作，以前的技术也跟不上趟儿了，奋斗了几年，两手空空。虽然甲在别人面前硬着头皮说跳槽"无怨无悔"，但打落门牙往肚里咽的难受滋味，只有他自己知道。实际上还是最初的那家公司最好，因为那家公司已经在纳斯达克上市，他的同学乙已经成为部门经理，手里拿着可观的原始股票，买了车，同学聚会都在他新买的"高尚公寓"举行。而"跳槽冠军"甲仍然一无所有，惶惶不可终日。

很多人不能正确地评估自己的实力，总觉得在目前的位置上是一种"屈才"，其实有时候我们并不如自己想象中的那么强大。尤其是在工作中，看着别人做总是很容易，可是真正轮到自己做的时候，往往就会找不准方向、漏洞百出。所以，在还没有能力当上领头羊的时候，一定要虚心学习，将本领练得扎实。

当然，生活中也有一些人不是没有当领头羊的本领，只是还没有被领导注意到，这个时候，我们就应该寻找一切可利用的机会，为自己创造更好的发展平台。

西汉末年，王莽篡汉建立新朝，托古改制，弄得天下民生鼎沸，各地起义风起云涌。刘秀很小的时候就心思缜密，与人交往时，不计小怨，喜怒不行于色。早在起事之前，尽管刘秀的兄长们蠢蠢欲动，他却处处小心谨慎，平时只知埋头务农，与世无争，还因此被讥笑为汉高祖刘邦的一位庸庸碌碌的子孙。

后来刘秀也加入起义队伍，并凭借自己超凡的才能脱颖而出，逐渐成为领袖。

为了号召天下，绿林军立刘秀的族兄刘玄为更始帝，发展迅速。刘玄是个资质平庸、甚至是有些懦弱的人。刘秀和他的哥哥才华出众，分别被封为"太常偏将军"和"大司徒"。在昆阳和宛城之战中，刘秀和刘秀的哥哥立下大功，因此也获得更高的声望。刘氏兄弟日益增长的势力引起了起义军中其他将领的担忧，他们劝更始帝除掉刘秀的哥哥。刘秀看出了潜藏的危险，提醒兄长注意，但是刘秀的哥哥并没有放在心上。不久之后，更始帝果然在众人的怂恿下将刘秀的哥哥杀害。刘秀听说兄长被杀，十分悲痛，是他马上来到当时政权所在地——宛城谢罪，大臣们向他表示劝慰之意，他却只说怪自己没能劝住兄长，以致惹怒了皇帝。从此之后，他绝口不提自己在昆阳立下的功劳，也不为哥哥服丧，饮宴说笑一如平常，仿佛什么都没有发生过。他这么做反而让更始帝感到惭愧，于是任命刘秀为破虏大将军，封武信侯。

其实，刘秀本非无情之人，他非常在意哥哥被无辜杀害，以致多年之后还难以释怀，提起这件事情的时候就泪流满面，只是

他从来不会在外人面前表现出来罢了。后来，起义军攻入洛阳，刘秀单独住在一间房子里，不让别人进去。他的好友冯异曾经进过他的房间一次，却发现刘秀的枕巾被泪水打湿了一大片。冯异努力劝慰刘秀，但刘秀矢口否认。在当时艰难的处境下，他不得不忍住自己的悲伤。正因为善于低头，刘秀在众人眼中的威胁消除了，反而让自己的实力变得比以前更强大，投降他的军队也越来越多。

我们总是羡慕"咸鱼翻身"的人，殊不知，他们并不是一步登上事业的高峰的，他们的成功也是一步一步通过自己的努力获得的。他们也会经历痛苦，但是相对于别人的心浮气躁，他们更加沉稳、更加注重通过不断的付出来收获回报。

只有坐得了冷板凳，才能坐得了高堂

每个人一生的际遇都不同，然而只要你耐得住寂寞，不断充实、完善自己，当机会向你招手时，你就能很好地把握，获得成功。

我们常常听说，只有耐得住寂寞的人，才能大有作为，才能创造更多的精彩。在生活中，总会有许多默默无闻的角色，他们并没有得到人们的关注，但是他们甘愿在自己的位置上认真地工作，将自己分内的事情做到最好。

很多人听过交响乐。在演奏现场，管乐与小提琴手总是默契配合着，大提琴也会时不时地加进弹奏的队伍，只有大号手，一直坐在那里不动。演奏马上要结束了，可是就在最后的 3 分钟里，大号手终于吹出了震耳欲聋的声音，让整个音乐厅都为之颤抖。

3个小时的演奏，大号手的表演不到3分钟，然后就默默地离开了。

有人说："大号手要做的事情就是在一直数着拍子，然后吹出那一声响，那一声响可不是谁都能吹出来的啊。"没错，只有能够忽略自己位置的人，才能留下最美妙的音乐；只有能够耐得住寂寞的人，才能在事业上创造奇迹。

罗明是湖北一所大学的英语教师，在市场经济浪潮的推动下，他决定开创一番属于自己的事业，于是他离开了自己得心应手的教育界，到北京的一家俱乐部工作。北京的俱乐部大多数为会员制，要想有所发展就必须大力发展会员。而在俱乐部里，衡量一个人的工作业绩，主要是看他发展了多少个会员，以及售出了多少张会员卡。他的上司告诉他，现在唯一要做的事就是：售卡。

那段时间里，罗明对一切都感到生疏，初来乍到，也没有可以利用的关系。可想而知，他的处境有多窘迫！他决定采取一个初入道者都采用过的笨办法：扫楼。"扫楼"是业内人士的术语，即大大小小的公司都聚集在写字楼里，你要一家一家地跑，一家一家地问，那种情形就跟扫楼差不多。当然，你必须要找经理以上的高级管理人员，最好是总裁，普通的白领是难以接受价格不菲的会员卡的。

罗明的生活从此发生了180度的大转弯。他由一名体面的大学教师，一下子"跌落"成了一个"厚脸皮"的推销员。那是一种什么样的感觉？他心理上的落差感十分强烈。

有一个朋友问过罗明关于"扫楼"的事情。那个朋友阴阳怪气地问他："'扫楼'是不是很威风，一层一层，挨门逐户？"
罗明听完这番话，内心真是酸甜苦辣什么滋味都有。往事不堪
回首，他至今还清楚地记得"扫楼"之初的狼狈和艰辛。他曾
经精确地统计过，他"扫楼"的最高纪录是一天内跑了10栋写
字楼，"扫"了72家公司，感觉身体像散了架一样，腿和脚都
不是自己的了，别说走路，挪动一下都很困难。那天晚上，他
坐电梯从楼上下来，在电梯间里，他感到自己的胃正在一阵阵
痉挛、抽搐、恶心，唯一的想法就是找个清静的地方大吐一场。
他经常忍受人们的白眼和奚落，这对于从小到大都一直备受重
视的他来说，该是怎样一种伤害啊！

如果推销会员卡只有"扫楼"这一种方法，那么很少有人能
够坚持下去，也很少有人能够成功。"扫楼"只是步入这个行业
的初始阶段，秘诀还是有的。大约半年后，罗明开始出现在俱乐

部召开的各种招待酒会上。出席这类酒会的人都是些事业有成、志得意满的成功人士。置身于这样的环境中，罗明发现那些如同铁板一样的面孔不见了，那些刺痛人心的冷言冷语不见了，现在出现的可能是真正意义上的彬彬有礼。他感到自己一下子放开了。他本来就该属于这里：他的涵养，他的才学，即使他曾经历过一段坎坷的"奋斗史"，又怎能磨灭他所固有的价值与尊贵呢？他知道他们需要什么，知道他们需要听从什么样的劝告。这是很重要的，因为他一下子就能拉近与他们之间的距离。他的语言、他的讲解，也不是那样干巴巴的，仿佛带有一种难以抗拒的鼓动力。他告诉他们，俱乐部将会给他们最优质的服务，而购买价格昂贵的会员卡，就是一种地位、身份和财富的象征。

在一次专为外国人举办的酒会上，似乎没有人比他更游刃有余。他能说一口纯正、流利的英语，这让他一下子就与外国人打成了一片。他曾经一个下午同时向 8 个外国人推销，结果竟然售出了 9 张会员卡，其中有一个人多买了一张，是送给朋友的。每张会员卡 5 万美元，每售出一张会员卡，销售人员可以从中提取 10% 的佣金。罗明一下午的收入就很容易推算了。

从那以后，罗明在几个俱乐部之间跳来跳去。到了 2004 年初，他终于在一家俱乐部安营扎寨。他已经不用再去"扫楼"了，即使是参加招待酒会，他也不用怂恿别人买会员卡了。他有良好的学历、敬业精神和销售业绩，所以，他从销售员、销售经理、销售总监一直做到俱乐部副总裁。显然，如果没有当年的"低人一等"，哪里会有后来的"高人一筹"呢？

"低是高的铺垫，高是低的目标"，对于那些已经处在事业金字塔顶端的人，你只要去研究他的经历就会发现：他们并不是一开始就"高人一筹"、风光十足的，他们也曾有过艰难曲折的"坐冷板凳"的经历，然而他们能够端正心态、不妄自菲薄、不怨天尤人；他们能够忍受"低微卑贱"的经历，并在低微中养精蓄锐、奋发图强，最后才攀上人生的巅峰，让世人瞩目。

怎样正确对待"怀才不遇"和"大材小用"

一定要选择适合自己的空间，如果你是鸵鸟，就应该开拓一片自己的土地；如果你是雄鹰，就应该展翅翱翔。

怀才不遇是每个"千里马"都担心的事情。有才而无人识，这种处境比没有才华更叫人难受。可是伯乐并不常有，千里马中的大多数也许和其他驴子或者骡子混迹在一起，只被用来骑出去到市场买个货物、驮驮重物，发挥不出自己的专长，那么在这种情况下千里马要有什么样的心态呢？渐渐自暴自弃，心甘情愿地和其他马一样做"负重"锻炼，还是不甘平凡，用最好的状态等待伯乐的发现？毫无疑问，如果选择了自暴自弃，那么我们没有输在别人的不赏识上，而是输给了自己。有些机会是需要等待的，一边打造自己一边等待时机，这样才会有获胜的机会。

　　一开始，东方朔在汉武帝面前并不受重视，于是他就哄骗宫中看守马圈的侏儒们说："皇上认为你们这些人对朝廷无用，耕田劳作体力不够，任职做官又不能治理政事，参军入伍也不会指挥作战，只会白白耗费衣食，如今想把你们全部杀掉。"侏儒们听说后十分害怕，哭了起来。东方朔又建议他们："皇上就要从这里经过，你们何不叩头谢罪？"当汉武帝来到马圈，侏儒们都跪在地上，一边磕头，一边痛哭。汉武帝问清怎么回事后，非常生气，派人把东方朔召来，责问道："你胆敢编造谎言，该当何罪？"东方朔正等待着这个机会，于是振振有词地说："我活着也要说，死也要说。侏儒身高三尺，俸禄是一袋粟，钱是二百四十；臣东方朔身长九尺多，俸禄也是一袋粟，钱也是二百四十。侏儒饱得要死，臣却饿得要死。如果臣的话可以采用，请用厚礼待我；不采用，请让我回家，不要让我尸位素餐。"汉武帝听了哈哈大笑，赦免了他的罪过。不久后，东方朔就被提升了官职。

先让领导"注意"我们，然后他们才会有可能"重视"我们。

和怀才不遇类似的事情是大材小用，这是代表领导已经发现我们是人才可是没有可以让我们施展的地方，所以也只能给我们一些小事做。这种情况也很不妙，一方面我们自己心里会有落差，觉得给我们的任务琐碎而且没有挑战性；另一方面，领导心里也会嘀咕："我现在让他熟悉了公司的运营情况，了解了各个流程，他要是哪天碰上更好的机会走了，我不是还得再花时间招人和培养其他人吗？"

某中学校长到某大学选毕业生，欲招聘几名教师和校刊编辑。一位新闻系的学生前来应聘。校长看了看这位同学的简历，挺优秀，还在市级报刊上发表过多篇文章，文笔很不错，当然很能胜任校刊编辑的职位。这位中学校长便说："你学的是编辑专业，但我们校刊是一份小报，我想多少有些大材小用。你大概是打算

别让人生输给了心情

到我们那儿去积累经验，然后跳槽到大报社去吧？"这名学生见校长笑容和蔼，没听出校长说这话的深意，也就没对这话做出反应，只是笑了笑。其实这学生本没有跳槽之意，他本来就喜欢像学校这样简单的环境，但校长看见他沉默的态度就以为他默认了自己的推测，于是马上把他否定了。

这个故事告诉我们在面试时一定要细心，琢磨一下问题的"话外之音"。如果我们没有觉得自己在公司里受到"屈才"，就及时表明立场，认真踏实地工作。而如果觉得公司太小，不适合自己的发展，就不要浪费自己和别人的时间，用更多精力来寻找适合自己发展的行业和公司。

天地之间的高度只有3尺

被称作美国之父的富兰克林有一句名言："人，要昂首天下，但也要时时记得低头！"

有一则小幽默，女孩问向她求爱的男孩："你知道天有多高，地有多厚吗？"男孩想了一下说："嗯……不知道。"女孩轻蔑一笑："哼，又是一个不知天高地厚的家伙。"看似一个不经意的笑话，却可以引发我们对于天地之间高度的探索，那么到底天与地之间的距离是多少呢？

古希腊的时候，有人曾问苏格拉底："你是天下最有学问的人，那么你说天与地之间的高度是多少？"苏格拉底毫不迟疑地说："3尺！"那人疑惑了："我们每个人都有5尺高，天与地之间只有3尺，那我们还不把天戳个窟窿？"苏格拉底笑着说："所以，凡是高度超过3尺的人，就要懂得低头啊。"

天地间的高度不过3尺，可是年轻人的个头儿大都超过5尺，为了能够在天地之间生存，我们每个人都应该学会低头，学会以低调的姿态面对人生。可是，年轻人的身上总是有着"初生牛犊不怕虎"的气势，总是会摆出一副天不怕、地不怕的模样，所以即使是在强势的生活考验之下，我们也不会心甘情愿地低下"高贵"的头颅。

生活，有时候就像一个淘气鬼，总是喜欢捉弄不懂得生存法则的孩子。所以，如果我们在严峻的生活考验之下还不懂得低头，那么，无疑我们会受到生活给予的各种各样的严厉惩罚。

富兰克林年轻时曾去拜访一位前辈。年轻气盛的他昂首挺胸迈着大步，一进门就撞在门框上。迎接他的前辈见此情景，笑笑说："很疼吗？可这将是你今天来访的最大收获。一个人活在世上，就必须时刻记住要适时低头。"

这让人很自然地想起了苗家人房屋建筑的特点。一个不大的屋子里面可以有几十个房檐和门槛，平日里，苗寨里的乡亲们就背着沉甸甸的大背篓穿过这些房檐和门槛。虽然障碍如此之多，可从来没有人因此撞到房檐或者是被门槛绊倒，而外乡人初至，即使是空手走在这样的屋子里也会经常碰头或跌跤。一位苗家老人常常告诫初来的外乡人，要想在这样的建筑里行走自如，就必须牢记：可以低头，但不能弯腰。低头是为了避开上面的障碍，看清楚脚下的门槛，而不弯腰则是为了有足够的力气承担起身上的负重。

老人的告诫其实也是对人生的形象比喻。苗家建筑也好比人生，一路上充满了房檐和门槛，一个不大的空间里到处都是磕磕绊绊，而人们肩膀上那个沉沉的背篓里装满了做人的尊严。背负着尊严走在高低不同、起伏不定的道路上，必须时刻提防四周的危险，还要时刻提醒自己：头要低，腰须挺。

所以，在3尺高的天地之间低头前行，并不是一件丢脸的事，而是一种智慧、一种境界。尤其是在社会竞争如此激烈的今天，我们需要面对的东西太多，需要注意的事情也太多：想要工作出色，需要花费心力；想要家庭和睦，需要付出；想要有更大的发展，需要学会在曲折中保存实力……人生并不是所有的事情都是一帆风顺的，上司可能不理解你对于工作的构想；父母可能不理解你的人生选择；同事之间可能矛盾重重；爱人之间也可能产生误会……

面对生活，我们的确需要忍耐，需要低头。生命的负载太多，人生的负载太沉，低一低头，就可能卸去多余的沉重。比如面对别人的不解，低一低头，虽然不一定能赢得别人的谅解和信任，但是最起码可以除去不必要的纠纷。

但是，并不是说低头就要放弃做人的尊严。我们经常误认为，向别人低头，就等于自己的尊严受挫。其实并不是这样的。低头，是在挫折中保存自己的智慧，是在没有必要的纷争中保护自己的一种能力，是一种豁达。可是，现实生活中，并不是所有的人都具有低头的勇气，结果不是碰壁，就是触网，在生活的挫折中饱受煎熬。其实，年轻人何必总是一副宁死不屈的倔强样子呢？低一低头，多给自己一次机会，岂不是更好？

低调做人，和睦共处

有句话说得好："出头的椽子先烂。"这确实是客观世界中不争的事实。出头的椽子总是比不出头的椽子要承受更多的风吹雨打，日复一日，年复一年，自然也比别的椽子要腐烂得早。同样的道理也适用于我们的生活，那些喜欢高调地炫耀自己成就的人，往往更容易遭到误会，要承受更多的舆论压力。所以，人们在风光尽显之时，一定要学会用低调的盾甲保护自己，否则，就有可能将自己置于危险的境地。

西汉有位官员叫杨恽，重仁义、轻财物，为官廉洁奉法，大公无私。可正当他官运亨通、春风得意的时候，有人嫉妒他位高名显，便在皇帝面前告了他一状，说他对皇帝陛下心怀不满，表现得那么出色是为了笼络人心，图谋不轨。

皇帝当然不能忍受别人意图谋权篡位。经人这么一告发，皇帝气得顾不上调查，就把杨恽贬为平民。

原先做官时，杨恽就想添置家产，但是怕别人说他不廉政，现在被贬了，反倒乐得轻松。他以置办财产为乐，在每天忙忙碌碌的劳动中得到快慰。

　　他的好朋友孙会宗听说了这件事，感到可能会闹出大事来，就写了一封信给杨恽，信里说："大臣被免掉了，应该关起门来表示'心怀惶恐'，装出可怜的样子，免得人家怀疑。你不应该置办家产，这样容易引起人们的非议。让皇帝知道了，不会轻易放过你的。"

　　杨恽很不服气，回信给好朋友说："我自己认为确实有很大的过错，德行也有很大的污点，理应一辈子做农夫。农夫很辛苦，没有什么快乐，但在过年过节杀牛宰羊，喝喝酒、唱唱歌，来慰劳自己，总不会犯法吧！"虽然说"身正不怕影子歪"，可是人心叵测，就是有人把他视为眼中钉、肉中刺，再一次向皇帝告发，说杨恽被免官后，不思悔改，生活腐化。而且，最近出现一次不吉利的日食，也可能是因他而起的。

皇帝大惊，急忙下令迅速将杨恽缉拿归案，以大逆不道的罪名将他腰斩，还把他的妻儿流放到酒泉。

如果你已经从高处跌向低谷，就应该适应低处的环境，调整自己处世的方式。即使你是一只"鹤"，如果已经进入了"鸡群"，也要懂得低下你长长的脖子。

通常情况下，我们所说的"鹤立鸡群"包含两层含义：第一种是为人优秀，在人群里非常引人注目。这样的人很容易吸引众人的目光，也很容易发达，可是也会因为注意的人太多而要承受过多的压力。同样的错误，放在别人身上也许会被原谅，可是放到优秀的人身上就会被无限放大，甚至招来祸端；同样的事情，别人可以轻松去做、去享受，而当很受关注的人也去做的时候，就会被人指点和批评。因此，越是春风得意之时，就越要经常反躬自省、不显不露、低头做人，只有这样才能减少别人投放在我们身上的目光，减少自己所承担的压力，让自己的生活变得轻松。

第二层含义是，曾经是鹤，被无情打压和排挤过后，失去了先天的优势，不得不在鸡群里委屈地生活。也许你会觉得，自己的经历完全可以应付现在平淡的生活，也完全可以在"鸡群"里崭露头角，可是不要忘记，人们总是喜欢与有共同语言的、亲密而融洽的人合作。

不管是哪一种状况，只要是鹤立鸡群，鹤永远都是比较显眼

的。只有学会低调，才能避免一些不必要的麻烦，安心地过属于
自己的生活。

矮人一截不等于低人一等

低调的人虽不张扬、不温不火，内心却自信自尊，他们"上
交不谄，下交不渎"，以一种独特的风范维护着自己的尊严。

这里说的"矮人一截"里面的"矮"，并不是指个头儿，而
是指低调做人，是取得成就时的不张扬，与人发生冲突时的忍让，
帮助别人时的不炫耀，在人群中的不显露……低调做人者不显山、
不露水，不让别人觉得自己"高人一等"，但也不会因为自己的
忍耐和退让而让人觉得他们就是"低人一等"，他们会用自信、
自尊来维护自己的尊严。

如今已是某保险公司股东会成员之一的赵丽回忆起她的成功
经历时说，她卖出的数额最大的一张保单不是在她经验丰富后，
也不是在觥筹交错中谈成的，而是在她第一次推销的时候。

晨光电子是赵丽所在市最大的一家合资电子企业，向这样的
企业进行推销，赵丽不免有些胆怯，毕竟这是她的第一次推销。
然而，再三思虑后，她还是壮着胆子进去了。当时，整个楼层只
有外方经理在。

"你找谁？"他的声音很冷漠。

"您好，我是保险公司的业务员，这是我的名片。"赵丽双
手递上名片，心里有些发虚。

"推销保险？今天已经是第三个了。谢谢你，或许我会考虑，但现在我很忙。"老外的发音直直的，像线一样，听不出任何感情色彩。

赵丽本来也不指望那天能卖出保险，所以毫不犹豫地说了声"sorry"就离开了。

如果不是她走到楼梯拐角处时下意识地回了一下头，或许她就这么走了，以后也不会有任何事情发生。

赵丽回了一下头，看见自己的名片被那个老外撕了，扔进废纸篓里。赵丽感到非常气愤，于是她转身回去，用英语对那个老外说："先生，对不起，如果您不打算现在考虑买保险的话，请问我可不可以要回我的名片？"

老外的眼中闪过一丝惊奇，旋即平静了，耸耸肩问她："Why？"

"没有特别的原因，上面印有我的名字和职业，我想要回来。"

"对不起，小姐，你的名片让我不小心洒上墨水，不适合还给你了。"

"如果真的洒上墨水，也请您还给我好吗？"赵丽看了一眼废纸篓。

片刻，他仿佛有了好主意："Ok，这样吧，请问你们印一张名片的费用是多少？"

"五毛，问这个干什么？"赵丽有些奇怪。

"Ok，Ok。"他拿出钱夹，在里面找了片刻，抽出一张一元的："小姐，真的很对不起，我没有五毛零钱，这张钞票算我赔偿你的名片，可以吗？"

赵丽想夺过那一块钱，撕个稀烂，告诉他她不稀罕他的破钱，告诉他尽管她是做保险推销的，可也是有人格的。但是，她忍住了。

她礼貌地接过那一元钱，然后从包里抽出一张名片给了他："先生，很对不起，我也没有五毛的零钱，这张名片算我找给您的钱。请您看清我的职业和我的名字，这不是一个适合进废纸篓的职业，也不是一个应该进废纸篓的名字。"

说完这些，赵丽头也不回地转身走了。

没想到，第二天赵丽就接到了那个外方经理的电话，约她去他公司。

赵丽几乎是趾高气扬地去了，打算再次和他理论一番。但是，他告诉赵丽的是，他打算从她这里为全体职工购买保险。

赵丽不卑不亢的做法最终使她赢得了外方经理的尊重，也书写了大大的"人"字。她并没有看到别人有地位、有金钱就不自觉地矮人一截，甚至将侵犯人格的举动视而不见，而是让对方明白了尊严的真正意义。因为自重，她赢得了尊重！

低调的人就是这样，他们能够正确认识、分析自我，明白自己的优势和劣势，不以自己的短处与人家的长处相比，更不以自己的劣势与人家的优势相论。他们能摆正自己的位置，摆脱"低人一等"的心理，发挥自己的所长，以平常心对待，显出足够的自信，从而在处世过程中从容自如、游刃有余。

为什么小丑有时比主角更受欢迎

如果你放不下尊严，没办法打破生涩，扮演不了在众人的嬉笑中不断进步的小丑，那么你只能成为生活的看客。

观看舞台剧，人们总是为了小丑的滑稽表演而欢呼。人们对于小丑的喜爱有时候更多于对帅气的王子和美丽的公主的喜爱，这是为什么呢？

法国一家马戏团的经营者说："小丑的角色并不是很容易就能够扮演的，他需要表演者打破羞涩，敢于出丑。只有把观众逗乐了，你才是成功的，否则你就注定会失败。"敢于出丑是小丑表演者的必备因素，可能也是我们最为之心动的因素：我们喜欢小丑，是因为小丑的身上寄托了很多日常生活中我们不敢去做的事情。

别让人生输给了心情

在生活中，人们都想使自己表现得聪明，都怕在众人面前出丑。这似乎是截然相反的两件事，聪明人绝不会出丑，出丑的人必然是笨蛋。然而，事实并非如此，不是你不出丑就能变得聪明，也不是你不出丑就能获得成功。比如滑稽的小丑，虽然丑态百出，却能赢得观众赞许的掌声。所以，不要害怕出丑，也不要因为一时的出丑而觉得难堪、愧疚，因为只有勇于出丑，我们才能增加对自己的磨炼，才能离成功更近。

罗茜读书时网球打得不好，所以老是害怕输，不敢与人对垒，至今她的网球技术仍然很蹩脚。罗茜有一个同班同学，开始时她的网球比罗茜打得还差，但她不怕被人打下场，越输越打，后来成了令人羡慕的网球手，成了大学网球代表队队员。

聪明令人羡慕，出丑总使人感到难堪。但聪明是在无数次出丑中练就的，不敢出丑就很难聪明起来。

那些勇敢地去做他们想做的事的人是值得赞赏的，即使有时在众人面前出了丑，他们还是洒脱地说："哦，这没什么！"就是这么一类人，他们还没学会反手球和正手球，就勇敢地走上网球场；他们还没学会基本舞步，就走下舞池寻找舞伴；他们甚至没有学会屈膝或控制滑板，就站上了滑道。

艾米只会说一点点法语，她却毅然飞往法国，去谈一笔生意。虽然人们曾告诫她：巴黎人对不会讲法语的人是很看不起的，但她坚持在展览馆、咖啡店、爱丽舍宫用法语与每个人交谈。她不怕结巴，不怕语塞、出丑吗？一点儿也不。因为艾米发现，当法国人对她使用的虚拟语气大为震惊之后，许多人都热情地向她伸出手来，为她的"生活之乐"所感染，从她对生活的努力态度中得到极大的乐趣。他们为艾米喝彩。

不怕出丑的人还包括那些学习对他们来说并不容易的新学问的人。生活中有些人由于不愿成为初学者，就总是拒绝学习新东西。他们因为害怕"出丑"，宁愿放弃机会，限制自己的乐趣，禁锢自己的生活。

若要改变自己的生活，就必须冒出丑的风险，除非你决心在一个地方、一个水平上"钉死"了。不要担心出丑，否则你就会毫无出息，而且更重要的是，即使你不出丑，你同样不会心绪平静、生活舒畅，你会在囿于静止的生活与时时渴望变化的矛盾中饱受痛苦煎熬。我们也许应该记住这一点，由于我们害怕出丑，也许会失去许多生活机会而长久地感到后悔。我们应该记住一句话："一个从不出丑的人并不是一个他自己想象的聪明人。"

为什么到处都是有才华的失败者

有才华的人总是比普通人更容易失败，不是上天嫉妒有才华的人，不给他们机会，而是有才华的人把自己看得太高，才会摔得更重。

世界上有很多非常优秀的人，但他们总是一事无成、碌碌无为，在失意的煎熬中痛苦地生活。为什么到处都是有才华的失败者呢？因为他们总是把目光投向天空，把双手揣在口袋中，自视甚高。其实，只要他们谦逊一点儿、踏实一些，稍微低一下头，人生之路就会不一样。

杨修是曹操门下掌库的主簿，博学能言，才智过人。有一回，塞北送来一盒酥饼孝敬曹操，曹操没有吃，只是在礼盒上亲笔写了三个字"一合酥"，径直出去了。屋里有的人不明白曹丞相的意思，不敢妄拿妄动。这时正好杨修进来看见了，便堂而皇之地走向案头，打开礼盒，把酥饼一人一口地分着吃了。曹操进来见大家正在吃他案头的酥饼，脸色一变，问："为何吃掉了酥饼？"杨修上前答道："我们是按丞相的吩咐吃的。丞相在酥饼盒上写着'一人一口酥'，分明是赏给大家吃的，难道我们敢违抗丞相的命令吗？"曹操见这个杨修识破了他的心意，表面上乐哈哈地说"讲得好，吃得好，吃得对"，其实内心已对杨修徒生厌恶之情了。

可杨修还以为曹操真的欣赏他，所以不但没有丝毫的收敛，反而把心智用在捉摸曹操的言行上，并不分场合地耍弄自己的小聪明。

曹操为人奸诈狡猾，且疑心很重，总害怕别人暗中谋害自己，故曾经吩咐左右："我在梦中好杀人，只要我睡着了，你们千万不要走近我。"一次，曹操白天在军帐中小憩，不慎将被子蹬到地上，一个值勤的侍卫赶紧过来捡起被子给曹操盖上。不想此时曹操从床上一跃而起，拔出宝剑一挥，将侍卫杀死，又上床睡觉了，在场的人谁也不敢言语。过了半晌，曹操醒来，见一侍卫躺在血泊中，装作大惊失色的样子，问："什么人杀了我的侍卫？"大家以实情相告，曹操悔恨梦中杀人，痛哭流涕，并命人厚葬了这个侍卫。

杨修则不这样认为，在为那位侍卫举行葬礼时，指着侍卫的棺材说："不是丞相在梦中，而是你在梦中啊！"

杨修能破解曹操的谜题、看透曹操的心思并不奇怪，因为他从小就智力过人，博学多才，上知天文，下懂地理，他的才华高人一等。可是，他心气太高，太爱表现自己，终究为自己的一生编写了悲剧性的结局。

杨修最后一次显露聪明是曹操自封为魏王之后。那次，曹操引兵与蜀军作战，战事失利，进退不能，是进是退，当时曹操心中犹豫不决。此时厨子呈进鸡汤，曹操看见碗中有鸡肋，因而有感于怀，觉得眼下的战事有如碗中之鸡肋，"食之无肉，弃之可惜"。他正沉吟间，夏侯惇入帐禀请夜间号令，曹操随口说："鸡肋！鸡肋！"夏侯惇传令众官，都称"鸡肋"。杨修见传"鸡肋"二字，便教随行军士各自收拾行装，准备归程。于是，寨中各位将领，无不准备归程。当夜曹操心乱，不能入睡，就手按宝剑，绕着军寨独自行走，只见夏侯惇寨内军士各自准备行装。曹操大惊，我没有下达撤军命令，谁竟敢如此大胆，做撤军的准备？他急忙召见夏侯惇，夏侯惇说："主簿杨修已经知道大王想撤退的意思。"曹操叫来杨修问他怎么知道，杨修就以鸡肋的含义对答。曹操一听大怒，说："怎敢造言乱我军心！"不由分说，叫来刀斧手把杨修推出去斩了，把首级悬在辕门外。曹操终于寻得机会除掉了杨修，杨修也终于聪明反被聪明误，断送了自己的一生。

凭借杨修的才华，玩文字游戏或者猜别人心思都是很简单的事情，但他过于热衷在人前显示，让众人都来称赞自己，结果还没来得及让自己的才华得到更多的展现，就因"鸡肋"事件葬送了自己的性命。这样一个才华横溢的年轻人，非但没有因为自己才华出众而大展宏图，反而因为不懂得适时低头，毁掉了自己的锦绣前程。

可是杨修的死并没有惊醒世人，在现实生活中，有才华的失败者比比皆是。很多刚毕业的年轻人，在学校里成绩优异，可是走上社会后却处处受阻，似乎所有人都在跟他作对。其实，并不是周围的人太苛刻，也并非没有机遇，而是因为他们认为自己很有才华，就过于张扬，唯恐别人看不到自己的聪明才智。

当有才华的人开始刻意表现自己的时候，就注定了要承受更多的舆论压力和外在压力。

所以，社会不是为难有才华的人，而是要让他们学会保护自己，低调处世，不要总想着表现自己而忽略了别人的感受。只有学会低调，有才华的人才能成为最终的胜利者。

破碎的葡萄成就红酒的美丽

玫瑰开得正旺的季节，将它们采摘回来，风干，压平，夹在书页当中，那么这玫瑰的清香就能够一直保存。

美国作家威廉·杨格曾说："一串葡萄是美丽、静止与纯洁的，但它只是水果而已；一旦压榨后，它就变成了一种动物，因为它变成酒以后，就有了动物的生命。"为了成就红酒的美丽，晶莹的葡萄需要将自己的身体弄碎，经历压榨的折磨。可是如果它不做这样的自我牺牲，虽然也可能绚烂一时，却避免不了烂于树上的悲惨结局。这和我们的生活有很多共同之处。

人的一生中，总会遇到各种各样不尽如人意的事情，无论是来自自身的，还是来自外界的，都会令你烦闷不堪。一个人，如果想要成就一番事业，就必须面对挫折，学会忍辱负重，以坚忍不拔的精神克服重重障碍，直至把生命磨炼到最美的状态。

西汉时期，北方匈奴冒顿单于执政时，国力衰弱。东胡国王想趁机灭掉匈奴，便故意找碴儿。他听说匈奴有一匹千里马，便派使者来索要。冒顿单于知道东胡国的阴谋，他对

愤愤不平的群臣说：“东胡跟我国十分友好，所以才向我们索要宝马，我们怎么能因为一匹马而影响与邻国的关系呢？”于是，他将宝马拱手送给东胡。

东胡国王一计不成，又生一计，派使者索要冒顿的妻子为妃。这个要求太过分了，匈奴的文臣武将忍无可忍，表示要好好教训一下东胡。冒顿却十分冷静，对那些喊打喊杀的臣子们说：“天下女子多的是，东胡却只有一个。为了与东胡国睦邻友好，我愿意献出我的妻子。”

东胡国王得到宝马与美妻后，暂时没再给冒顿找麻烦。趁此时机，冒顿励精图治，国力渐强。东胡国王顿感不安，又来挑衅，又派使者求见冒顿，说：“你我两国边境之间有块空地，有一千多里，匈奴也到不了那里，把这块地送给东胡吧。”冒顿又问左右大臣该如何。左右大臣们见冒顿从前事事懦弱忍让，全无斗志，便说：“这本来就是块无用的土地，送给他也无所谓。”

冒顿闻言大怒，说道：“土地是国家的根本，怎么能把土地送给别人？”凡是说可以把土地给东胡的大臣都被他斩首了，然后传令集中兵马，迟到者一律斩首，他亲率大军袭击东胡。

东胡素来轻视匈奴，全然不加防备，冒顿一举消灭了东胡，把东胡据为己有。

冒顿如果为一时之气，贸然动手，匈奴可能早早就被灭掉。所以，即使东胡国一而再、再而三地挑衅和欺压，冒顿也只是退让低头。他退让不是目的，退让的同时暗自加强自己国家的实力，为自己能一举消灭东胡而忍耐。

第三章

每一个优秀的人，
都有一段沉默的时光

寂寞成长，无悔青春

　　每个想要突破目前的困境的人首先都需要耐得住寂寞，寂寞可以使一个人成长。

　　曾有人在谈及寂寞降临的体验时说："寂寞来的时候，人就仿佛被抛进一个无底的黑洞，任你怎么挣扎呼号，回答你的，只有狰狞的空间。"的确，在追寻事业成功的路上，寂寞给人的精神煎熬是十分厉害的。想在事业上有所成就，自然不能像看电影、听故事那么轻松，必须得苦修苦练，必须得耐疑难、耐深奥、耐无趣、耐寂寞，而且要抵得住形形色色的诱惑。能耐得住寂寞是基本功，是最起码的心理素质。耐得住寂寞，才能不赶时髦，才能不受诱惑，才不会浅尝辄止，才能集中精力潜心于所从事的工作。耐得住寂寞的人，等到事业有成时，大家自然会投来钦佩的目光，这时就不寂寞了。而有着远大志向却耐不住寂寞，成天追求热闹，终日浸泡在欢乐场中，一混到老，最后什么成绩也没有的人，那就将真正寂寞了。其实，寂寞不是一片阴霾，寂寞也可以变成一缕阳光。只要你勇敢地接受寂寞，拥抱寂寞，以平和的心关爱寂寞，你会发现：寂寞并不可怕，可怕的是你对寂寞的惧怕；

　　　　　　　别让人生输给了心情

寂寞也不烦闷，烦闷的是你自己内心的空虚。

曾获得奥斯卡最佳导演奖的华人导演李安，在去美国念电影学院时已经 26 岁，遭到父亲的强烈反对。父亲告诉他：纽约百老汇每年有几万人去争几个角色，电影这条路走不通的。在李安毕业后的整整 7 年时间里，他都没有工作，在家做饭带孩子。有一段时间，他的岳父岳母看他整天无所事事，就委婉地告诉女儿，准备资助李安一笔钱，让他开个餐馆。李安自知不能再这样拖下去，但也不愿接受丈母娘家的资助，决定去社区大学上计算机课，从头学起，争取可以找到一份安稳的工作。李安背着妻子硬着头皮去社区大学报名，一天下午，他的妻子发现了他的计算机课程表，便顺手就把这个课程表撕掉了，并跟他说："安，你一定要坚持自己的理想。"

因为这样一位明理聪慧的妻子的一句话，李安最后没有去学计算机，如果当时他去了，多年后就不会有一个华人站在奥斯卡的舞台上领那个很有分量的大奖。

李安的故事告诉我们，人应该做自己最喜欢的事，而且要坚持到底，把自己喜欢的事发挥得淋漓尽致，必将走向成功。

如果你最喜欢的是文学，那就不要为了他人而去经商，如果你最喜欢的是旅行，那就不要为了稳定而选择一个一天到晚坐在电脑前的工作。

你的生命是有限的，但你的人生是无限精彩的，也许你会成为下一个李安。但你需要耐得住寂寞，7 年你等得了吗？ 很有可能会更久，你等得到那天的到来吗？别人都离开了，你还会在原地继续等待吗？

一个人想成功，一定要经过一段艰苦的过程。任何想在轻松中获得成功的人距离成功都遥不可及。这寂寞的过程正是你积蓄力量，开花前奋力地汲取营养的过程。如果你耐不住寂寞，成功将不会降临于你。

每一只惊艳的蝴蝶，前身都是不起眼的毛毛虫

成功贵在坚持，要取得成功就要坚持不懈地努力，很多人的成功也是饱尝了许多次的失败之后得到的，我们经常说"失败乃成功之母"，成功诚然是对失败的奖赏，但也是对坚持者的奖赏。

古往今来，那些成功者们不都是依靠坚持而取得成就的吗？

被鲁迅誉为"史家之绝唱，无韵之离骚"的《史记》，其作者司马迁，享誉千古的文学大师，他取得这么大的成就是在什么情况下呢？

汉武帝为了一时的不快阉割了司马迁，对他来说，那是多么大的耻辱啊，并且给他的身心造成了巨大的伤害！从此，他只能在不通风的炎热潮湿的小屋里生活，不能见风，不能再无畏地欣赏太阳、花草，若换一个人，可能就活不下去了。

司马迁也曾想过死，对于当时的他来说，死是最容易的解脱方法了。可是他心中始终有一个梦想，就是写一部历史的典籍，把过去的事记下来，传诸后世，为了这个梦，他坚持下来了，坚

别让人生输给了心情

持着忍受身体的痛苦，坚持着
忍受别人的目光，坚持着在严酷的
政治迫害下活着，以继续撰写《史记》，
并且终于完成了这部光辉著作。

他靠的是什么？只有两个字：坚持。如果他在遭受腐刑以后，丧失了一切斗志，那么我们现在就不会看到这本巨著，吸收不了他的思想精华。所以他的成功，最主要的还是靠坚持。

外国著名作家杰克·伦敦的成功也是建立在坚持之上的。就像他笔下的人物"马丁·伊登"一样，坚持坚持再坚持，他抓住自己的一切时间，坚持把好的字句抄在纸片上，有的插在镜子缝里，有的别在晒衣绳上，有的放在衣袋里，以便随时记诵。所以

他成功了，他的作品被翻译成多国文字，在书店中他的作品放在显眼的位置，赫然在目。当然，他所付出的代价也比其他人多好几倍，甚至几十倍。成功是他坚持的结果。

功到自然成。成功之前难免有失败，然而只要能克服困难，坚持不懈地努力，那么，成功就在眼前。

石头是很硬的，水是很柔软的，然而柔软的水却穿透了坚硬的石头，这其中的原因无他，唯坚持而已。我们在黑暗中摸索，有时需要很长时间才能找寻到通往光明的道路，以勇敢者的气魄，坚定而自信地对自己说，我们不能放弃，一定要坚持。也只有坚持，才能让我们冲破禁锢的蚕茧，最终化成美丽的蝴蝶。

不喧哗，自有声

人生最大的自由，莫过于选择成败，成功者寥若晨星，更少有人留名青史，而失败者比比皆是。据有关学者研究证明：48%的人经历一次失败就一蹶不振了；25%的人经历两次失败就泄气了；15%的人经历三次失败也放弃了；只有12%的人经历无数次的失败后，仍不气馁，始终朝着一个方向冲刺。他们坚信，只要方向不错，方法得当，坚持不懈，锲而不舍，成功只是时间问题。人生最大的敌人是自己，战胜自己是成功者的必经之路。

李健最早经营茶叶生意是在 2001 年。在这之前他经营着一家超市，由于拆迁，他只好改行和一个福建的朋友做起了茶叶生意。那时，茶艺还处于萌芽状态，是一个新兴产业，利润空间和发展空间都比较大。

然而，李健对茶艺、茶文化一窍不通，门市开业后，面对顾客提出的有关茶的问题，他常常脸涨得通红，说不出话来，只得向朋友求救。看着朋友和顾客大谈茶文化，李健第一次认识到茶居然有着这样深的内涵，他喜欢上了这一行。

后来，李健和朋友的经营理念发生了分歧，生意也开始变得冷清。李健回忆，在一段时间里，他们不断地往里垫钱，根本没有回款。坚持了三个月后，李健与朋友在经营思路上的分歧越来越大，最后只好分道扬镳。于是，李健开始独自创业。

经过市场调查，他把茶叶门市的地址选在了北京茶叶一条街——马连道。也许是初生牛犊不怕虎，李健当初只是想扎堆的生意好做，并没在意这一条街上对手们的来历。后来他才发现这里的人个个都是高手，不论是茶道还是销售，而且他们都来自茶叶生产厂家，对茶有着深刻的理解，唯独他是个门外汉。

李健选定地址后看中了一间60平方米的门市，年租金4万元。他交了租金，请来装修工装修门市，自己则赶往茶叶生产地采购茶叶。这是他第一次采购茶叶，由于没有经验，又缺乏茶叶知识，他采购的茶叶无论在色泽上还是质量上都给日后的批发和销售带来了困难。为了不再犯同样的错误，他买来大量有关茶叶的书，仔细研读，凡是上门的客户也都提供最优惠的价格，以便发展市场。即使这样，他的门市仍是门庭冷落。

李健开始托朋友介绍茶叶销售渠道，稍有空闲就亲自背着茶叶样品去零售店推销，有时他请人给他看门市，自己背个大袋子去找销售点。而很多时候，他都吃了闭门羹，偶尔听到"我们有供货方，以后考虑吧"，他都能激动半天。"那时我一心想着尽快发展客户，有时一天只能吃一顿饭，一个月下来整个人都快虚脱了。"

在两个月里，他跑遍了6个城市的茶叶零售店，但是没有得到任何回报。

李健的茶叶门市经历了整整 14 个月的萧条后才开始复苏。在这期间，他不断听到类似他这种"门外汉"茶业门市倒闭的消息，他的朋友也劝他收手。李健经过激烈的思想斗争后，咬着牙告诉朋友："我已经喜欢上了这个行业，每个行业起步都会有艰难和困苦，更何况我还没有认输。"

随着对茶业的深入了解和对市场的辛勤开拓，李健的门市在第 14 个月开始有了一点儿利润，就在 2003 年春节前的一个月，他的门市赚回了之前的所有投资，还略有盈余。2004 年，李健的茶叶门市纯利润达 20 多万元。

事实证明：只要有恒心，铁棒也能磨成针。看一个人，不必看他辉煌耀眼、春风得意之时，而应看他身处逆境时是怎样艰难跋涉的。执着是人类的一种美德，任何天赋、才华、强势都不能代替。不积跬步，无以至千里；不积细流，无以成江河。千里之行始于足下，做任何事情都必须有恒心。

心中有光的人，终会冲破一切黑暗和荆棘

当你面对人类的一切伟大成就的时候，你是否想到过，曾经为了创造这一切而经历过无数寂寞的日夜，他们不得不选择与寂寞结伴而行，有了此时的寂寞，才能获得自己苦苦追求的锦绣前程。

很多时候成功不是一蹴而就的，要经过很多磨难，每个人无论如何都不能丢弃自己的梦想，应执着于自己的目标和理想，把

自己开拓的事业做下去。

　　肯德基创办人桑德斯先生在山区的矿工家庭中长大，家里很穷，也没受过什么教育。他在换了很多工作之后，自己开始经营一个小餐馆。不幸的是，由于公路改道，他的餐馆必须关门，关门则意味着他将失业，而此时他已经 65 岁了。

　　也许他只能在痛苦和悲伤中度过余生了，可是他拒绝接受这种命运。他要为自己的生命负责，相信自己仍能有所成就。可是他是个一无所有、只能靠政府救济的老人，他没有学历和文凭，没有资金，也没有什么朋友可以帮他，他应该怎么做呢？他想起了小时候母亲炸鸡的特别方法，他觉得这种方法一定可以推广。

　　经过不断尝试和改进之后，他开始四处推销这种炸鸡的经销权。在遭到无数次拒绝之后，他终于在盐湖城卖出了第一个经销权，结果立刻大受欢迎，他成功了。

　　65 岁时还遭受失败而破产，不得不靠救济金生活，在 80 岁时却成为世界闻名的杰出人物。桑德斯没有因为年龄太大而放弃自己的梦想，经过数年拼搏，终于获得了巨大的成功。如今，肯德基的快餐店在世界各地都是一道风景。

　　很多时候，在日常生活、工作中我们必须在寂寞中度过，没有任何选择。这就是现实，有嘈杂就有安静，有欢声笑语就有寂静悄然。

　　既然你逃脱不掉寂寞的影子，驱赶不走寂寞的阴魂，为什么非要与寂寞抗争？寂寞有什么不好，寂寞让你有时间梳理躁动的

　　别让人生输给了心情

心情，寂寞让你有机会审视所作所为，寂寞让你站在情感的外圈探究感情世界的课题，寂寞让你向成功的彼岸挪动脚步，所以，寂寞不光是可怕的孤独。

寂寞是一种力量，而且无比强大。事业有成者的秘密有许多，生活悠闲者的诀窍也有许多。但是，他们有一个共同的特点，那就是耐得住寂寞。谁耐得住寂寞，谁就有宁静的心情，谁有宁静的心情，谁就水到渠成，谁水到渠成谁就会有收获。山川草木无不含情，沧海桑田无不蕴理，天地万物无不藏美，那是它们在寂寞之后带给人们的享受。所以，耐住寂寞之士，何愁做不成想做的事情。有许多人过高地估计自己的毅力，其实他们没有跟寂寞认真地较量过。

我们常说，做什么事情需要坚持，只要奋力坚持下来，就会成功。这里的坚持是什么？就是寂寞。每天循规蹈矩地做一件事情，心便生厌，这也是耐不住寂寞的一种表现。

如果有一天，当寂寞紧紧地拴住你，哪怕一年半载，为了自己的追求不得不与寂寞搭肩并进的时候，心中没有那份失落，没有那份孤寂，没有那份被抛弃的感觉，才能证明你的毅力坚强。

人生不可能总是前呼后拥，人生在世难免要面对寂寞。寂寞是一条波澜不惊的小溪，它甚至掀不起一个浪花，然而它却孕育着可能成为飞瀑的希望，渗透着奔向大海的理想。坚守寂寞，坚持梦想，那朵盛开的花朵就是你盼望已久的成功。

虽然每一步都走得很慢，但我不曾退缩过

"登泰山而小天下"，这是成功者的境界，如果达不到这个高度，就不会有这个视野。但是，若想到达这种境界亦非易事，人们从岱庙前起步上山，进中天门，入南天门，上十八盘，登玉皇顶，这一步步拾级而上，起初倒觉轻松，但越到上面便越感艰难。十八盘的陡峭与险峻曾使无数登山客望而却步。游人只有努力向前，才能登上泰山山顶，体验杜甫当年"一览众山小"的酣畅意境。

许多人盼望长命百岁，却不理解生命的意义；许多人渴求事业成功，却不愿持之以恒地努力。其实，人的生命是由许许多多的"现在"累积而成的，人只有珍惜"现在"，不懈奋斗，才能

使生命焕发光彩，事业获得成功。

要成功，最忌"一日曝之，十日寒之""三天打鱼，两天晒网"。数学家陈景润为了求证哥德巴赫猜想，用过的稿纸几乎可以装满一个小房间；作家姚雪垠为了写成长篇历史小说《李自成》，竟耗费了40年的心血，大量的事实告诉我们：无论你多么聪明，成功都是在踏实中，一步一步、一年一年积累起来的。

莎士比亚说："斧头虽小，但多次砍劈，终能将一棵挺拔的大树砍倒。"

现在有一种"流行病"，就是浮躁。许多人总想"一夜成名""一夜暴富"，他们不扎扎实实地长期努力，而是想靠侥幸一举成功。比如投资赚钱，不是先从小生意做起，慢慢积累资金和经验，再把生意做大，而是如赌徒一般，借钱做大投资、大生意，结果往往惨败。网络经济一度充满了泡沫。有的人并没有认真研究市场，也没有认真考虑它的巨大风险，只觉得这是一个发财成名的"大馅儿饼"，一口吞下去，最后没撑多久，草草倒闭，白白"烧"掉了许多钞票。

俗话说："滚石不生苔""坚持不懈的乌龟能快过骄傲自满的野兔"。如果能每天学习一小时，并坚持12年，所学到的东西，一定远比坐在学校里混日子的人所学到的多。

迄今为止，人类还不曾有一项重大的成就不是凭借坚持不懈的精神而实现的。

大发明家爱迪生也曾说："我从来不做投机取巧的事情。我的发明除了照相术，也没有一项是由于幸运之神的光顾。一旦我下定决心，知道我应该往哪个方向努力，我就会勇往直前，一遍一遍地试验，直到成功。"

要成功，就要强迫自己一件一件地去做，并从最困难的事做起。有一个美国作家在写《西方名作》一书时，应约撰写102篇文章。这项工作花了他两年半的时间，加上其他一些工作，他每周都要工作七天。他没有从最容易阐述的文章入手，而是给自己定下一个规矩：严格地按照字母顺序进行，绝不允许跳过任何一个自感费解的观点。另外，他始终坚持每天都首先完成困难较大的工作，再干其他的事。事实证明，这样做是行之有效的。

一个人如果要成功，就应该学习这些名人的经验，从小事入手，坚持下去，总有一天你会看到成功的阳光。

善于等待的人，一切都会及时到来

在现实生活中，常有人犯浮躁的毛病。他们做事情往往既无准备，又无计划，只凭脑子一热、兴头一来就动手去干。他们不是循序渐进地稳步向前，而是恨不得一锹挖成一眼井，一口吃成胖子。结果呢，必然是事与愿违，欲速则不达。

古时候有兄弟二人，很有孝心，每日上山砍柴卖钱为母亲治病。神仙为了帮助他们，便教他们二人，可用4月的小麦、8月的高粱、9月的稻、10月的豆、12月的雪放在千年泥做成的大缸内密封49天，待鸡叫3遍后取出，汁水可卖钱。兄弟二人各按神仙教的办法做了一缸。待到 49 天鸡叫 2 遍时，老大耐不住性子打开缸，一看里面是又臭又黑的水，便生气地洒在地上。老二坚持到鸡叫 3 遍后才揭开缸盖，里边是又香又醇的酒，所以"酒"与"洒"字差了一小横。

当然，"酒"字的来历未必是这样。但这个故事说明了一个深刻的道理：成功与失败，平凡与伟大，两者之间的距离往往就在一步之间，咬紧牙关向前迈一步就成功了；停住了，泄气了，只能是前功尽弃。这一步就是韧劲的较量，是意志力的较量。

在当今社会，许多新鲜的外来事物都纷纷涌了进来，难免会对人产生极大的诱惑，而这极大的诱惑会使人变得浮躁。许多人会想，别人可以拥有的东西，我为什么不可以呢？

在这样的心态之下，人就可能浮躁起来，很想自己一下子能取得更多物质上的东西，能享受到自己以前享受不到的东西。

可是，事情就是这样，你越着急，就越不会成功。因为着急会使你失去清醒的头脑，结果，在你的奋斗过程中，浮躁占据着你的思维，使你不能正确地制订方针、策略以稳步前进。结果呢，自然适得其反。

许多年轻人就是这样，给自己确立了 3 年计划、5 年计划，下定决心要在 3 年内赚 3000 万，5 年内成为一个亿万富豪。

这些年轻人之所以制订这样的计划，也许，他们心目中的学习榜样正是李嘉诚。可他们这个时候却忘了，李嘉诚之所以成功，之所以成为华人首富，不是靠什么 3 年计划、5 年计划，他是一步一个脚印，通过几十年而绝不仅仅是几年的奋斗得来的，而他的奋斗也是充满了艰辛与坎坷的。这些艰辛与坎坷，我们现在说起来好像挺轻松，一下子就过去了，而在当时，他是一天一天、一小时一小时、一分一分、一秒一秒地挨过来的。对这分分秒秒的艰辛与坎坷的体味，需要多大的毅力与意志！一个浮躁的人，是不会这么细心地去品味这些滋味的，也许，他们一尝到这样的滋味，就马上退却了。而李嘉诚，作为一个稳健的人，他深知：这样的苦难是必定要经受的，只有经受这些苦难才能赢得最终的甜美。

一个不浮躁的、稳健的人，通常也是一个不断地要求自己、完善自己、使自己不断适应时代与社会变革的人。也只有这样的人，才是最终会取得成功的人。

在这里，浮躁与稳健对于一个人成败的影响，一目了然。

只有不浮躁，才会吃得起成功路上的苦。

只有不浮躁，才会有耐心与毅力一步一个脚印地向前迈进。

只有不浮躁，才会制订一个接一个的小目标，然后一个接一个地实现它，最后走向大目标。

只有不浮躁，才不会因为各种各样的诱惑而迷失方向。

不在沉默中爆发，就在沉默中灭亡

西方有位哲人在总结自己一生时说过这样的话："在我整整75年的生命中，我没有过过四个星期真正的安宁。这一生只是一

别让人生输给了心情

块必须时常推上去又不断滚下来的崖石。"所以，追求宁静，或者是追求寂寞对许多人来说成了一个梦想。由此看来，寂寞并不是每个人都能享受的。

可是，现实生活中，许多人害怕寂寞，时时借热闹来躲避寂寞，麻痹自己。滚滚红尘中，已经很少有人能够固守一方清静，独享一份寂寞了，更多的人脚步匆匆，奔向人声鼎沸的地方。殊不知，热闹之后的寂寞更加寂寞。我们如能在热闹中独饮那杯寂寞的清茶，也不失为人生的另类选择。但是，寂寞并不是每个人都会享受的！

对未来进行抗争的人，才有面对寂寞的勇气；在昔日拥有辉煌的人，才有不甘寂寞的感受。

为了收获而不惜辛勤耕耘、流汗的人，才有资格和能力享受寂寞。

寂寞是一种难得的感觉，只有在拥有寂寞时，你才能静下心来悉心梳理自己烦乱的思绪，只有在拥有寂寞时，你才能让自己成熟。不在寂寞中升华，就在寂寞中死去。

许多人把失意、伤感、无为、消极等与寂寞联系在一起，认为将自己封闭起来就是寂寞，其实，这是一种误解。倘使这样去超越生活，不仅限制生命的成长，还会与现实产生隔阂，这样的人只是逃避生活。

寂寞是一种感受，是一种难得的感觉，是心灵的避难所，会给你足够的时间去舔舐伤口，重新以明朗的笑容直面人生。

懂得了寂寞，便能从容地面对阳光，将自己化作一杯清茗，在轻啜深酌中渐渐明白，不是所有的生长都能成熟，不是所有的欢歌都是幸福，不是所有的故事都会真实，有时，平淡是穿越灿烂而抵达美丽的一种高度，一种境界。

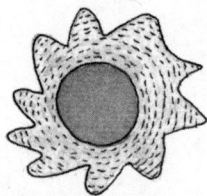

当寂寞来临时，轻轻合上门窗，隔去外面喧嚣的世界，默默独坐在灯下，平静地等待身体与心灵的一致，让自己从悲欢交集中净化思想。这样，被一度驱远的宁静会重新回归。你静静地用自己的理解去解读人世间风起云涌的内容，思考人生历程中的痛苦和欢悦。当你真实乍窥了人生的丰富与美好，生命的宏伟和广阔，让身心平直地立在生活的急流中，不因贪图而倾斜，不因喜乐而忘形，不因危难而逃避，你就读懂了寂寞，理解了寂寞。于是，

寂寞不再是寂寞，寂寞成了一首诗，成了一道风景，成了一曲美妙的音乐。于是，寂寞成了享受，使我们终于获得了人生的宁静。

寂寞来时，轻轻闭上双眼，去聆听远方的鸟鸣，去感受灵魂深处的快乐。

做一个安静细微的人，于角落里自在开放

《伊索寓言》中有这样一个故事：

有一只狐狸喜欢自夸自大，它以为森林中自己最大。

傍晚，它独自出去散步，走路的时候看见一个映在地上的巨大影子，觉得很奇怪，因为它从来没有见过那么大的影子。后来，它知道那是自己的影子，就非常高兴。它平常就认为自己伟大、有优越感，只是一直找不到证据可以证明。

为了证实那影子确实是自己的，它就摇摇头，那个影子的头部也跟着摇动，这证明影子是自己的。它很高兴地跳舞，那影子也跟着它舞动。它继续跳，正得意忘形时，来了一只老虎。狐狸看到老虎也不怕，就拿自己的影子与老虎比较，结果发现自己的影子比老虎大，就不理老虎，继续跳舞。老虎趁着狐狸跳得得意忘形的时候扑了过去，把它咬死了。

一个人若种植信心，他会收获品德。一个人若种下骄傲的种子，他必收获众叛亲离的果子，甚至带来不可预知的危险，就像那只自夸自大、自我膨胀的狐狸一样。

但高傲的姿态，却是现代人的通病。大家都想吸引别人的目

光，殊不知这目光可能投来善意，也可能投来恶意。越是高调的人，越容易成为众矢之的。老子在《道德经》中说："生而不有，为而不恃，功成而不居。"又说："功成名遂，身退，天之道。"如果成功之后，只知自我陶醉，迷失于成果之中停滞不前，那就是为自己的成就画了句号。

成功常在辛苦日，败事多因得意时。切记：不要老想着出风头。一个人的成绩都是在他谦虚好学、伏下身子踏实肯干的时候取得的，一旦骄气上升、自满自足，必然会停止前进的脚步。

有人会说，大凡骄傲者都有点儿本事、有点儿资本。你看，《三国演义》中"失荆州"的关羽和"失街亭"的马谡不是都熟读兵书、立过大功吗？这种说法其实是只看到了事情的表面，而没看到事情的本质。关羽之所以"大意失荆州"，马谡之所以"失街亭"，不正是因为他们自以为"有资本"而铸成的大错吗？

一个人有一点儿能力，取得一些成绩和进步，产生一种满意和喜悦感，这是无可厚非的。但如果这种"满意"发展为"满足"，"喜悦"变为"狂妄"，那就成问题了。这样，已经取得的成绩和进步，将不再是通向新胜利的阶梯和起点，而成为继续前进的包袱和绊脚石，那就会酿成悲剧。

在这个世界上，人们都在为自己的成功拼搏，都想站在成功的巅峰上风光一下。但是成功的路只有一条，那就是放低姿态，不断学习。在通往成功的路上，人们都行色匆匆，有许多人就是在稍一回首、品味成就的时候被别人超越了。因此，有位成功人

士的话很值得我们借鉴："成功的路上没有止境，但永远存在险境；没有满足，却永远存在不足；在成功路上立足的最基本的要点就是学习，学习，再学习。"

人这一辈子总有一个时期需要卧薪尝胆

人生不如意事十之八九，即使是一个十分幸运的人，在他的一生中也总有一个或几个时期处于十分艰难的情况下，总能一帆风顺的时候几乎没有。看一个人是否成功，我们不能看他成功的时候或开心的时候是怎么过的，而要看他在不顺利的时候，在没有鲜花和掌声的落寞日子里怎么过的。有句话是这么说的："在前进的道路上，如果我们因为一时的困难就将梦想搁浅，那只能收获失败的种子，我们将永远不能品尝到成功这杯美酒芬芳的味道。"

20 世纪 90 年代，史玉柱是中国商界的风云人物。他通过销售巨人汉卡迅速赚取超过亿元的资本，凭此赢得了巨人集团所在地珠海市第二届科技进步特殊贡献奖。那时的史玉柱事业达到了顶峰，自信心极度膨胀，似乎没有什么事做不成。也就是在获得诸多荣誉的那年，史玉柱决定做点儿"刺激"的事：要在珠海建一座巨人大厦，为城市争光。

大厦最开始定的是 18 层，但最终他决定建到 72 层，此时的史玉柱就像打了鸡血一样，明知大厦的预算已经超过 10 亿，但手里的资金只有 2 亿，还是不停地加码。最终，巨人大厦的轰然倒地让不可一世的史玉柱尝尽了苦头。他曾经在最后的关头四处奔走寻找资金，但"所有的谈判都失败了"。

随之而来的是全国媒体的一哄而上，成千上万篇文章骂他，欠下的债也是个极其恐怖的数字。史玉柱最难熬的日子是1998年上半年，那时，他连一张飞机票也买不起。"有一天，为了到无锡去办事，我只能找副总借，他个人借了我一张飞机票的钱，1000元。"到了无锡后，他住的是30元一晚的招待所。女招待员认出了他，没有讽刺他，反而给了他一盆水果。那段日子，史玉柱一贫如洗。如果有人给那时的史玉柱拍摄一些照片，那上面的脸孔必定是极度张狂到失败后的落寞，焦急、忧虑是史玉柱那时最生动的写照。

史玉柱因为自己的张狂而一赌成恨，血本无归。下了很大的决心后，他决定和自己的三个部下爬一次珠穆朗玛峰，那个他一直想去的地方。

"当时雇一个导游要800元，为了省钱，我们四个人什么也不知道就那么往前冲了。"1997年8月，史玉柱一行四人就从珠峰5300米的

地方往上爬。要下山的时候，四人身上的氧气用完了。走一会儿就得歇一会儿。后来，又无法在冰川里找到下山的路。

"那时候觉得天就要黑了，在零下二三十摄氏度的冰川里，如果等到明天天黑肯定要冻死。"

许多年后，史玉柱把这次的珠峰之行定义为自己的"寻路之旅"。之前的他张狂、自傲，带有几分赌徒似的投机秉性。33 岁那年刚进入《福布斯》评选的中国大陆富豪榜前十名，两年之后，就负债 2.5 亿，成为"中国首负"，自诩是"著名的失败者"。珠峰之行结束之后，他沉静、反思，仿佛变了一个人。

不管在高耸入云的珠穆朗玛峰上，史玉柱找没找到自己的路，一番内心的跌宕在所难免。不然，他不会从最初的中国富豪榜第 8 名沦落到"首负"之后，又发展到如今的百亿身价。其中的艰辛常人必定难以体会。正因为如此，有人用"沉浮"二字去形容他的过往，而史玉柱从失败到重新崛起的经历，也值得我们长久地铭记。

经历了那次失败，史玉柱开始反思。他觉得性格中一些癫狂的成分是他失败的原因。他想找一个地方静静，于是就有了一年多的南京隐居生活。

在中山陵前面的一块地方，有一片树林，那段时间，史玉柱每天十点多左右起床，然后下楼开车往林子那边走，路上会买好面包和饮料。部下在外边做市场，他只用手机遥控办公。晚上快天黑了就回去，在大排档随便吃一点儿，一天就这样过去了。

后来有人说，史玉柱之所以能"死而复生"，就是得益于那时候的"卧薪尝胆"。他是那种骨子里希望重新站起来的人，事业可以失败，精神上却不能倒下。经过一段时间的修身养性，他逐渐找到了自己失败的症结：之前的事业过于顺利，所以忽视了许多潜在的隐患。不成熟、盲目自大、野心膨胀，这些，就是他性格中的不安定因素。

　　史玉柱决心从头再来，此时，他身体里"坚强"的秉性体现出来。他在珠峰以及多次"省心"之旅后终于踏上了负重的第二次创业。这次事业的起点是保健品——脑白金。

　　因为之前的巨人大厦事件，全国上下已经没有几个人看好史玉柱。他再次的创业只是被更多的人看作赌徒的又一次疯狂，但脑白金一经推出，就迅速风靡全国，到2000年，月销售额达到1亿元，利润达到4500万。自此，巨人集团奇迹般地复活了。虽然史玉柱还是遭到全国上下诸多非议，但不争的事实是史玉柱曾经的辉煌确实慢慢回来了。

　　赚到钱后，他没想为自己谋多少私利，他做的第一件事就是还钱。这一举动，再次使他成为众人的焦点。因为几乎没有人能够想到史玉柱有翻身的一天，更没想到这个曾经输得一贫如洗的人能够还钱。但他确实做到了。

　　认识史玉柱的人，总说这些年他变化太大。怎么能没有变化呢？一个经历了大起大落的人，内心总难免泛起些波澜。而对于史玉柱，改变最多的大概是心态和性格。几番沉浮，很少有人再看到他像早些年那样狂热、亢奋、浮躁，更多的是沉稳、坚忍和执着。即使是十分危急的关头，他也是一副胸有成竹、不慌不忙的样子。

史玉柱回想自己早年的失败时，曾特意指出，巨人大厦"死"掉的那一刻，他的内心极其平静。而现在，身价百亿的他也同样把平静作为自己的常态。只是，这已是两种不同的境界，前者的平静大概象征一潭死水，后者则是波涛过后的风平浪静。起起伏伏，沉沉落落，有些人生就是在这样的过程中变得强大和不可战胜。良好的性情和心态是事业成功的关键，少了它们，事业的发展就可能徒增许多波折。

人生难免有低谷的时候，在这样的时刻，我们需要的就是忍受寂寞，卧薪尝胆。就像当年越王勾践那样，三年的时间里，作为失败者他饱受屈辱，被放回越国之后，他选择了在寂寞中品尝苦胆，铭记耻辱，奋发图强，最终得以雪耻。

不要羡慕别人的辉煌，也不要眼红别人的成功，只要你能忍受寂寞，满怀信心地去开创，默默付出，相信生活一定会给你丰厚的回报。

第四章

颜值时代，
更拼"言值"

在狂妄泛滥的地方危险就大

一个容器，若装满了水，稍一晃动，水便溢了出来。一个人，若心里盛满了骄矜，便再也容纳不了新的知识、新的经验及别人的忠告了。

骄矜，是指一个人骄傲专横、傲慢无礼、自尊自大、好自夸、自以为是。具有骄矜之气的人，大多自以为能力很强，很了不起，做事比别人强，看不起他人。由于骄傲，往往听不进别人的意见；由于自大，则做事专横，轻视有才能的人，看不到别人的长处。

骄矜对人对事的危害性是很大的，这一点古人认识得十分清楚。《管子·法法》中说："凡论人有要：矜物之人，无大士焉。彼矜者，满也。满者，虚也。满虚在物，在物为制也。矜者，细之属也。"这段话告诉我们，评价一个人是有一定标准的，凡是能够做成一番伟大事业的人，没有一个是具有骄矜之气的人。骄矜，是自满的表现，是小家子气的表现，决不能成就大事。

《尚书》中这样阐述：骄傲、荒淫、矜持、自夸，必将以坏结果而结束。同样的看法在《说苑》中也有体现，富贵不与骄傲相约，但骄傲自然而然地随富贵出现了；骄傲和死亡并没有联系，

别让人生输给了心情

但死亡也会随骄傲而来临。

骄矜自大对人百害而无一利，中国历史上深受其害的人可谓比比皆是。

清朝时期，年羹尧早期仕途一路顺畅，1700年考中进士，入朝做官，升迁很快，不到10年已成为重要的地方大员。这个时期是清朝西北边疆多战事的时期，当时康熙重用年羹尧，就是希望他能平定西藏、青海等地的叛乱。年羹尧没有让康熙失望，在1718年参与平定西藏叛乱的过程中，年羹尧表现非凡。他当时负责清军的后勤保障工作，虽然运送粮饷的道路十分艰险，但是在年羹尧的努力下，清朝大军的粮饷供应始终是充足的，从而为取胜创造了条件。因此，第二年，年羹尧就被康熙皇帝晋升为四川、陕西两省的长官，成为清朝在西北最重要的官员。

这一年九月，青海地区又出现叛乱。这一次朝廷任命年羹尧为主帅前去镇压。出兵前，年羹尧突然下令："明天出发前，每个士兵都必须带上一块木板、一束干草。"将士们都不明白这是为什么，又不敢问。第二天进入青海境内，遇到了大面积的沼泽地，队伍难以通过。这时，年羹尧下令将干草扔进沼泽泥坑中，上面铺上木板，这样，军队顺利而快速地通过了沼泽。这沼泽本是叛军依赖的天然屏障，他们认为清军不可能穿过沼泽，哪想到年羹尧的大军已经出现在他们面前，叛军一时惊慌失措，很快就被打败。

雍正皇帝登基之初，对年羹尧倍加赏识、重用。年羹尧一直在西北前线为朝廷效力，因平定西藏时运粮及守隘之功，封三等公爵，世袭罔替，加太保衔；因平郭罗克功晋二等公；因平青海功，进一等公，给一子爵令其子袭，外加太傅衔。雍正二年八月，年羹尧入觐时，御赐双眼孔雀翎、四团龙补服、黄带、紫辔及金币，恩宠到了无以复加的地步。不但年羹尧的亲属备受恩宠，就连家仆也有通过保荐，官至道员、副将的。

随着权力的日益增大，年羹尧以功臣自居，变得骄矜自大起来。一次他回北京，京城的王公大臣都到郊外去迎接他，他对这些人看都不看，显得很无礼。他对雍正皇帝有时也不恭敬。一次，在军中接到雍正皇帝的诏令，按理应摆上香案跪下接令，但他就随便一接了事，令雍正皇帝很是气愤。此外，他还大肆收受贿赂，随便任用官员，扰乱了国家秩序。

年羹尧对此不但不知收敛，反而更加得意忘形、更加骄横，还霸占了蒙古贝勒七信之女，斩杀提督、参将多人，甚至蒙古王公见到他都要先跪下，因此他遭到了群臣的愤怒和非议，弹劾他的奏章多似雪片。

内阁、詹翰、九卿、科道合词奏言年羹尧的罪恶，于是部议尽革他的官职。雍正三年十月，雍正皇帝下令逮年羹尧来京审讯。十二月，案成。此距发端仅九个多月。议政王大臣等定年羹尧罪：计有大逆之罪五、欺罔之罪九、僭越之罪十六、狂悖之罪十三、专擅之罪六、忌刻之罪六、残忍之罪四、贪黩之罪十八、侵蚀之罪十五，共九十二款。

雍正三年十二月，皇帝差步兵统领阿尔图，来到关押年羹尧的囚室传旨说："历观史书所注，不法之臣有之。然当未败露之先，尚皆为守臣节。如尔公行不法，全无忌惮，古来曾有其人乎？朕待尔之恩如天高地厚，愿以尔实心报国，尽去猜疑，一心任用。尔乃作威作福，植党营私，辜恩负德，于结果忍为之乎？尔悖逆不臣至此，若枉法曲宥，何以彰宪典而服人心？今宽尔磔死，令尔自裁，尔非草木，虽死亦当感涕也。"年羹尧接旨后即自杀。此案涉及年家亲属及友人，其父年遐龄、兄年希尧罢官，其子年富立斩，诸子年十五以上者遣戍极边，子孙未满十五者待至时照例发遣，族中文武官员俱革职。

如果一个人喜欢自大自夸，就算是有一些美德，有一些功劳和成绩，也会因此丧失。过分炫耀自己的能力，看不起他人，最终受到损害的只是自己。所以我们要学会尊重别人，学会谨慎处世，低调为人。

与人争辩，你永远不会真赢

当别人和你谈话时，他根本没有准备请你说教，若你自作聪明，拿出更高超的见解，对方很少乐于接受。

在生活中，我们常常会遇到与别人看法和意见不能达成一致的情况，这个时候，很多人会选择与人争辩。其实，这并不是最好的解决问题的办法，因为在争辩的过程中，你势必会想办法证明自己是对的、别人是错的。

通常情况下，没有人愿意听到别人的批评和指正，所以即使我们说的是对的，他也未必能够听进去。再者，争论的过程中，每一方都以对方为"敌"，试图以一己的观念强加于别人，而根本不把对方的意见放在眼里，最终一定会伤害彼此之间的情感，引发很多不必要的误解。

美国耶鲁大学的两位教授曾经做过一项试验。他们耗费了7年的时间，调查了种种争论的过程。例如，店员之间的争执、夫妻间的吵架、售货员与顾客间的斗嘴等，甚至还调查了联合国的讨论会。结果，他们证明了，凡是去攻击对方的人，无法在争论方面获胜。

所以，你不可随便摆出要教导别人的姿态。你的同事向你提出一个意见时，你若不能赞同，最低限度要表示可以考虑，不可马上反驳。要是你的朋友和你谈天，你更要注意，太多的执拗会让一切有趣的生活变得乏味。遇上别人真的错了，又不肯接受批评或劝告时，别急于求成，往后退一步，把时间延长些，隔一天或两个星期再谈，否则大家都固执己见，就不仅没有进展，反而互相伤害感情，造成隔阂。

许多人因为喜欢表示不同意见而得罪了同事，所以常常有人认为不要轻易表示出不同意见。这种看法是很片面的。其实，只要你表达的方式是正确的，向别人表示自己的不同意见，不但不会得罪人，有时还会大受欢迎，使人有"听君一席话，胜读十年书"之感。

那么怎样才能有效避免争论呢？可以从以下几方面做起：

1. 欢迎不同的意见

当你与别人的意见始终不能统一的时候，这时就要舍弃其中之一。人的脑力是有限的，有些方面不可能完全想到，因而别人的意见是从另外一个角度提出的，总有些可取之处，或许比自己的更好。这时你就应该冷静地思考，或两者互补，或择其善者。如果采取的是别人的意见，就应该衷心感谢对方，因为有可能此意见使你避开了一个重大的错误，甚至奠定了你一生成功的基础。

2. 不要相信直觉

每个人都不愿意听到与自己不同的声音。当别人提出与你不同的意见时，你的第一个反应是要自卫，为自己的意见进行辩护并竭力地去找根据，这完全没有必要。这时你要平心静气、公平、谨慎地对待两种观点（包括你自己的），并时刻提防你的直觉（自卫意识）对你做出正确抉择的影响。值得一提的是，有的人脾气不好，听不得反对意见，一听见就会暴躁起来，这时就应控制自己的脾气，让别人陈述观点，不然，就未免显得气量太小了。

3.耐心把话听完

每次对方提出一个不同的观点，不能只听一点就开始发作，要让别人有说话的机会。这样做，一是尊重对方；二是让自己更多地了解对方的观点，以判断此观点是否可取，努力建立理解的桥梁，使双方都完全知道对方的意思，减少彼此沟通的障碍和困难，避免双方的误解。

4.仔细考虑反对者的意见

在听完对方的话后，首先想的就是去找你同意的意见，看是否有相同之处。如果对方提出的观点是正确的，则应放弃自己的观点，而考虑接纳对方的意见。一味地坚持己见，只会使自己处于尴尬境地。

5.真诚对待他人

如果对方的观点是正确的，就应该积极地采纳，并主动指出自己观点的不足和错误的地方。这样做，有助于解除反对者的武装，减少他们的防卫，同时也缓和了气氛。

有一种愚钝叫居安不思危

人在风光尽显之时，若能居安思危，以低调的"厚甲"保护自己，不失为低调做人、化险为夷的良策。

别让人生输给了心情

虽然说我们每个人都拥有理性和智慧，能够在清醒的时候分辨是非祸福，但是一旦人生之中发生了重大转折，比如取得了很大的成就、地位得到了提升，我们往往就会沾沾自喜。春风得意的心态会让我们辨不清前行的方向，很多人会因一时的得意而忘乎所以，从而使自己陷于难以自拔的境地。

　　南下打工的汪明只用了两年的时间就成了一家公司的副总经理，不可否认，他是凭真本事坐上这个位子的，用他的话说，他所取得的一切成绩都是逼出来的。他自小就父母双亡，是外祖母一手将他带大的，那时的日子过得很苦，但外祖母还是供他读完了大学。他必须努力工作，用最好的成绩报答外祖母的养育之恩。

　　不论是从一开始做普通职员，还是后来做副总经理，汪明都表现得非常出色。后来他发现总经理李玲坐在那位子上可以说形同虚设，每次汪明向她请示工作时，李玲都认真听他说话，最后只说一句："你放心去做吧。"这样就算是应允了。于是，一切几乎都是汪明在做决策，但一遇上签合同时，客户总要和总经理面谈，令汪明很不服气：不就是老板的小姨吗？一点儿水平也没有，却硬是占着总经理的位置。

　　汪明想竞争总经理位置的念头一现，就不想放弃了。他明明知道李玲是老板的小姨，这事不太好办，但随着为公司赚钱的数目的增加，他的信心也越来越足了，他想：老板想给小姨工资，放在哪个位置都可以办得到，何必一定要做总经理呢？

　　老板是个笑面人，几次听了汪明的怨言，都不动声色，只是笑问："我那小姨不会过多干涉你的工作吧？"汪明心想：虽然如此，但总给我留下一块心病，就答："也许将李总放在别的位置上，公司的收益会更加好。"老板脸上依然笑着，但心里已有了盘算。

后来，老板真劝小姨别做总经理了，这下惹火了李玲。作为大股东的李玲越想越气，不久就辞退了汪明。汪明万万没有想到事情会是这样的结果，他始终想不明白：这究竟是怎么回事？

其实，成功也就意味着你在社会的阶层楼梯上又往上攀登了一层。但是越往上，竞争就越激烈，就好比一个公司，上层领导的位置不可能像普通职工的位置一样多，如果你想往上攀登，就

需要等待你的上司把他的位置留给你。

因此，要学会"居安思危"，在没有足够的能力之前一定要有耐心，还要有信心，更重要的是工作要勤勤恳恳，换句话说就是要善于隐藏自己，保存实力。不要小看了隐藏自己的作用，你越是低调，别人反而越会认可你，这样你才有晋升的希望，也才有了实现自己抱负的机会。

因此，做人一定要学会隐藏自己，即使是春风得意的时候，也要时刻保持警惕。因为在激烈的竞争中，随处可见我们的对手，特别是随着地位的提升，我们的对手也会越来越优秀，所以一定要低调行事，这样才能尽量减少人生道路上的阻力和对立面。

今天不留余地，明天山穷水尽

如果想让自己以后的路越走越宽，就要多给别人留出余地，别人有了落脚和行走的空间，才会有你的发展之地。

韩非子的《说林·下篇》中有这样一段话："桓赫曰：'刻削之道，鼻莫如大，目莫如小。鼻大可小，小不可大也；目小可大，大不可小也。'举事亦然：为其不可复也，则事寡败也。"这段话的大意是说，工艺木雕的要领，首先在于鼻子要大，眼睛要小，鼻子雕刻大了，还可以改小，如果一开始便把鼻子给刻小了，就没有办法补救了。同样道理，初刻时眼睛要小，小了还可加大。如果刚开始雕刻时，就把眼睛弄得很大，后面就无法缩小了。为人处世，也是一个道理，凡事要留有余地，留有后路，只有这样，才不至于遭遇失败。

范雎是魏国人，早年有意效力于魏王，由于出身贫贱，无缘面见魏王，便投靠在中大夫须贾的门下。

有一年，他随须贾出使齐国，齐襄王知范雎之贤，馈以重金及牛、酒等物，范雎辞谢没有接受。须贾得知此事后，以为范雎一定向齐国泄露了魏国的秘密，便将此事报告了魏国相国魏齐。魏齐不问青红皂白，令人将范雎一阵毒打，直打得范雎肋断齿落。范雎装死，被破席卷裹，丢弃在茅厕中。须贾目睹了这一幕，不置一词，还往范雎的身上撒尿。

范雎强忍着一时之气。他待众人走后，从破席中伸出头对看守茅厕的人说："公公若能将我救出，以后定当重谢。"守厕人便去请求魏齐，允许让他将厕中的"尸体"运出。

范雎历经千辛万苦来到了秦国都城咸阳，并改名换姓为张禄。范雎看出秦国是最具实力的国家，秦昭王也不是一个无所作为的国君。几经周折，范雎终于见到了秦昭王。他以其出色的辩才向秦昭王指出秦国政策的弊端，并提出了自己内政外交的一系列主张。

秦昭王果断采取措施，废太后，驱逐穰侯、高陵、华阳、径阳四人于关外，将大权收归己有，并拜范雎为相。范雎所提出的外交政策，便是闻名于后世的"远交近攻"，而他所要进攻的第一个目标，便是他的故国魏国。魏国大恐，派使臣须贾来向秦国求和。不过，须贾只知道秦的相国叫张禄，而不知他就是范雎。

范雎得知须贾到来，便换了一身破旧衣服，也不带随从，独自一人来到须贾的住处。须贾一见大惊，问道："范叔别后还好吗？"范雎道："勉强活着吧！"须贾又问："范叔想游说于秦国吗？"范雎道："没有。我自得罪魏的相国以后，逃亡至此，哪里还敢游说。"须贾问："你现在干什么呢？"范雎道："给别人帮工。"须贾不由得起了一丝怜悯之情，便留范雎吃饭，说道："没想到范叔贫寒至此！"同时送给他一件丝袍。

　　席间，须贾问："秦的相国张禄，你认识吗？我听说如今天下之事，皆取决于这位张相国，我此行的成败也取决于他，你有什么朋友与这位相国认识吗？"范雎道："我的主人同他很熟，我倒也见过他，我可以设法让你见到相国。"

　　第二天，范雎赶来一辆驷马大车，将须贾送往相国府。到了相府大堂前，范雎说："你等一下，我先进去替你通报一声。"须贾在门外等了好久，也不见有人出来，便向守门人问道："这位范先生怎么这么半天也不出来？"守门人说哪有什么范先生，刚进去的就是张禄相国。须贾这时才明白刚才拉他进来的"范先生"就是他要找的相国。

　　须贾大惊失色，于是脱衣袒背，一副罪人的打扮，请守门人带他进去请罪。范雎雄踞堂上，身旁侍从如云。须贾膝行至范雎座前，叩头道："小人有必死之罪，请将我放逐到荒远之地，是死是活都由大人安排！"范雎道："本来我是要处死你的，但我今天之所以不处死你，是因为你昨天送了我一件丝袍，看来你还没忘旧情，我可以放你回去，不过你替我转告魏王，赶快将魏齐的脑袋送来！要不然，我就要发兵血洗魏都大梁城！"

魏齐听说后吓得仓皇出逃，可赵、楚等国畏于秦国的兵威，谁也不敢收留他，魏齐终于被迫自杀。

凡事要留有余地，给别人留余地的同时也是给自己余地，任何事情都不要做绝。故事里的须贾当初没有帮范雎，还往他"尸体"上撒尿。这也就直接导致范雎的报复，然而须贾仁慈尚存，再遇到范雎时以为他落魄，还送他丝袍、留他吃饭。这点儿怜悯恰恰挽救了须贾的性命。试想如果须贾看到范叔的"落魄"而嘲笑和加害于他，那他的性命也就丢掉了。

可见，如果想让自己以后的路越走越宽，就要多给别人留出余地，别人有了落脚和行走的空间，才会有你的发展之地。倘若仗势欺人或者得理不饶人，非要把对方逼到绝路上，那自己离绝路也就不远了。

杂草多的地方庄稼少，空话多的地方智慧少

人能够记住的东西是有限的，如果杂七杂八的话说太多了，能被人记住的有用的话就少了。

观察过田地的人都知道：如果某块地里杂草生长得太多太茂密了，那块地就很难有庄稼生长，因为杂草把庄稼需要的土壤和水分都挤占了。人的大脑容量也是有限的，没用的东西太多了，有用的东西记住的就少了。

早些年罗克岛铁路公司打算建一座大桥，把罗克岛和达文波特两个城市连接起来。那个时候，轮船是运输小麦、熏肉和其他物资的重要工具，所以，轮船公司把水运权当成上帝赐予他们的特权。铁路桥修建成功，自然也就葬送了他们的特权，毁了他们的财路，因此，轮船公司竭力对修桥提案进行阻挠。于是，美国运输史上最著名的一个案子开庭了。

　　轮船公司的辩护律师韦德，是相当有名的铁嘴。法庭辩论的最后一天，听众云集。韦德滔滔不绝，足足讲了两个小时。

　　轮到罗克岛铁路公司的律师发言时，听众就不耐烦了，怕他也说起来没完。这也正是韦德的计谋。然而，那位律师只说了一分钟。不可思议的一分钟，这个案子就此闻名。

　　他站起身平静地说："首先，我对控方律师的滔滔雄辩表示钦佩！然而，陆地运输远比水上运输重要，这是任何人都改变不了的事实。各位陪审，你们要裁决的唯一问题是，对于未来发展而言，陆地运输和水上运输哪一个更重要，哪一个不可阻挡？"

　　片刻之后，陪审团做出裁决，建桥方获胜。那位律师高高瘦瘦，衣衫简朴，他的名字叫作——亚伯拉罕·林肯。

　　韦德既想炫耀自己的口才，又想拖延时间，因此滔滔不绝、口若悬河，但是他没有想到这样的喋喋不休会让听众厌烦，更没想到林肯有那么机智的反应，因此更让他的长篇大论惹人生厌。在现实生活中，我们常常会看到一些说话滔滔不绝的业务员的业绩通常还不如那些沉默的业务员。

西方人常说：与人交谈，犹如弹弦一般，当别人感到乏味时，便要把弦按住，使它停止振动、发声。所以，当你忍不住要发牢骚时，请多想想这样做带来的恶果吧。

话说多了，会显得夸夸其谈，油嘴滑舌。言多必失，祸从口出，这时最好的办法是学会静心倾听。注意听，给人的印象是谦虚好学，专心稳重，诚实可靠；认真听，能减少不成熟的评论，避免不必要的误解；善于听，让你拥有更丰富的人际关系资源。倾听多一点儿，你也就有时间去思考和成熟。

卖弄的结果就是把自己卖了

做人姿态要低一点儿，这是自我保护的好方法。在该表现时表现，不该表现时低调一点儿。真正的能人"能"在做大事上，而不在对自己的炫耀上。

身负出众的本领是好事，但如果丝毫不懂收敛，也是很难立足的，甚至会招致厄运。古今中外，一些过分张扬、喜欢卖弄聪明、锋芒毕露之人，不管功劳多大、官位多高，多数不得善终，这是尽人皆知的历史教训。吴王箭射灵猴的故事留给人们的启迪正在于此。

吴王乘船在长江中游玩，登上猕猴山。原来聚在一起戏耍的猕猴，看到吴王前呼后拥地来了，立即一哄而散，躲到深林与荆棘丛中去了。但有一只猕猴，想在吴王面前卖弄灵巧，它在地上得意地旋转，旋转够了，又纵身跳到树上，攀缘腾荡。吴王看这狝猴如此逞能，很是不舒服，就弯弓搭箭射它，那狝猴从容地躲开射来的利箭，又敏捷地把箭接住。吴王脸都气红了，命令左右一齐动手，箭如风卷，狝猴无法脱逃，很快被射死了。

吴王回头对他身边的人说："这灵猴夸耀自己的聪明，倚仗自己的敏捷傲视本王，以致丢了性命。要以此为戒呀！可不要用你们的姿态声色骄人傲世啊！"

时常有人稍有名气就到处扬扬得意地卖弄，喜欢被别人奉承，这些爱卖弄的人迟早会把自己给卖掉。所以，在处于被动境地时一定要学会藏锋敛迹、装憨卖乖，千万不要把自己变成对方射击的靶子。

汉献帝建安初年，曹操考虑派一个使者到荆州劝说荆州牧刘表投降。孔融推荐很有才能的祢衡出任使者。曹操叫人去把祢衡喊了来。祢衡来后，按例行了礼，曹操给祢衡安排座位。祢衡仰头向天，说："天地虽然这样宽阔，为什么眼前连一个像样的人都没有呢？"曹操说："我手下有几十位能人，都是当代英雄，你凭什么说没有人呢？"祢衡又笑了一声："那就说给我听听吧！"曹操说："荀攸、郭嘉、程昱见识高远，前朝的萧何、陈平都不如他们。张辽、许褚、李典、乐进勇猛无敌，过去的岑彭、马武也不是他们的对手。吕虔和满宠替我主管文书，于禁和徐晃担任我的先锋官。夏侯惇是天下的奇才，曹子奇是世上的福将。这怎能说没有人呢？"

祢衡大笑道："阁下全讲错了，这些人我都认识。荀攸只能看坟墓；程昱仅能开开门；
郭嘉倒还可以读几篇辞赋；
张辽在战场上只配打打鼓，
敲敲锣；许褚也许能放放牛，
牧牧马；乐进和李典当个传
令兵勉强凑合；吕虔不过能
给人家磨磨刀，铸几把剑；满宠
是喝酒的能手；于禁是打砖的泥水匠；徐晃只有杀猪、捉狗的
本事；夏侯惇是一个仅能保全性命的将军；曹子奇被人称为只
知道要钱的太守，其余都是饭袋、酒桶而已！"

　　这时，张辽在旁边听到祢衡这样狂妄，公开侮辱大家，气得
抽出宝剑要砍，被曹操止住。张辽气愤地问曹操："这个家伙讲
话这般放肆，为什么不让我杀他？"曹操笑笑说："这个人在外
面有点儿虚名，我今天杀了他，人家就会议论我容不得人。"

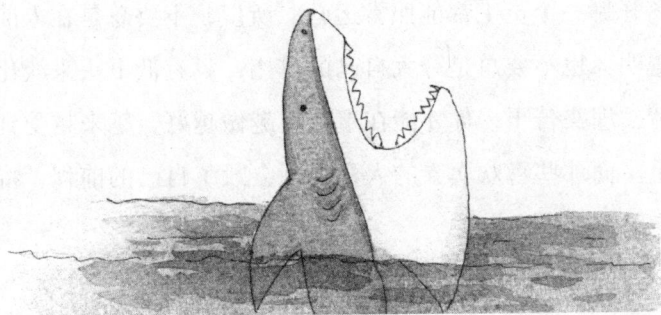

曹操虽然没有杀祢衡，但是派祢衡出使荆州，命他说服刘表归降。祢衡知道刘表是不会归附曹操的，派去的人也会凶多吉少，这分明是曹操在使借刀杀人的伎俩，不肯答应。曹操立即传令侍从，要他们备下三匹马，由两人挟持祢衡去荆州，一面还通知自己手下的文武官员，都到东门外摆酒送行。曹操虽然对祢衡怀恨在心，但他聪明，不愿杀祢衡而脏了自己的手，因此把祢衡送给荆州牧刘表。

　　不久，祢衡又因倨傲无礼而得罪了刘表。刘表也很聪明，不杀祢衡，把他打发到江夏太守黄祖那里去了。祢衡在黄祖那里，仍是率性如前。一次，祢衡竟然当众顶撞黄祖，骂他："死老头儿，你少啰唆！"黄祖气极，一怒之下把他杀了。祢衡死时只有26岁。

　　以为自己很聪明，可以以一当十，却不知正是因为自己的目中无人而招致杀身之祸。祢衡的故事给了我们很好的启示。

　　在我们的身边，有一些人自以为很聪明。为公司立下了汗马功劳，就觉得自己功不可没，目中无人，甚至连上司也不放在眼里。这些人总觉得公司里没有他不行，可是地球离开谁都一样转，公司离开哪一个员工都能照常运营。所以，不要总是在人前卖弄你的聪明，也不要总是夸大自己的作用，只有低下头来淡化自己的功劳，埋头苦干，你才能在事业上越做越好，越来越受到领导的器重。而那些喜欢卖弄的人，无疑会毁了自己的前程，将自己逼上绝路。

别让人生输给了心情

越流行高调，越要唱低调

这好比弹簧，压得越低则弹得越高，只有安于低调，乐于低调，在低调中蓄养势力，才能获取更大的发展。

在流行唱高调的今天，低调的功能常常被人忽视。其实，低调经常是制胜的法宝，低调是一种外"抑"内"扬"的策略，低调的姿态常常能够战胜高调，取得出奇制胜的效果！

美国《时代周刊》刊登了 2005 年度"全球最具影响力的 100 人"名单，华为技术有限公司总裁任正非先生成为中国内地唯一入选的企业家，和微软前任董事长比尔·盖茨、苹果公司 CEO 史蒂夫·乔布斯等跨国企业大腕比肩。

《时代周刊》评价说，任正非显示出惊人的企业家才能，他在 1988 年创办了华为公司，这家公司已重复当年思科、爱立信等卓著的全球化大公司的历程，这些电信巨头已把华为视为"最危险"的竞争对手。

不过，这个极富传奇色彩的电信大佬以及他所统领的华为公司，却并不致力于"抛头露面"，其行事作风倒是出奇地低调。

任正非的低调是出了名的，这位受国家领导人钦点出国访问的企业家从不接受媒体的采访，从不在公共场合抛头露面，从不参加各种无关紧要的集会、宴会，这与他的很多同行形成了强烈的反差：很多人都是唯恐被媒体和大众冷落，他却唯恐被媒体"曝光"。

在回答为什么不接受采访时，任正非的坦率让人吃惊："我们有什么值得见媒体的？我们天天与客户直接沟通，客户可以多批评我们，他们说了，我们改进就好了。对媒体来说，我们不能永远都好呀，不能在有点儿好的时候就吹牛。我不是不见人，我从来都见客户的，最小的客户我都见。"

任正非在2008年的一次讲话中说道："希望全体员工都要低调，因为我们不是上市公司，所以我们不需要公示社会。我们主要是对政府负责任，对企业的有效运行负责任。对政府负责任就是遵纪守法，我们2007年交给国家的税收共27亿，2008年可能会增加到40多个亿。我们已经对社会负责了。"

不仅如此，华为的低调还体现在诸多方面：华为的电信设备经营在国际国内市场纵横捭阖，但是在公开场合，华为从不称自己第一，华为也从不张扬地打广告，如果不是偶尔有新闻说华为在某国中标，或做并购交易，人们无从知道华为为什么可以做得这么好。

譬如它怎么做营销，是哪家国际咨询公司为它做哪一方面的服务。从这个角度来说，华为集团是典型的低调企业，虽然它如此低调，却获得了巨大的成功。它正是通过低调达到了真正的"高调"！

在华为看来，低调首先表现为务实！从VCD到DVD，各大企业都非常注重宣传，业界一直非常热闹。但是，宣传的正面、负面作用总是在交替出现，这个行业也被戴上了炒作、作秀的帽子，给消费者以不信任感。而华为只是把关注点集中在自己的基础方面：一个是产品，一个是品牌。能让媒体了解的，也是基于这两个方面的延伸。他们不去炒作什么概念，所有炒作概念的效果只有一个，那就是赚"快钱"和"短钱"。因为概念再高超，也要落实到消费者的产品体验上去。科技发展这么快，消费者总有醒悟的时候，所以只可能是"短钱"。但华为关注的是企业的长远利益，追求的是"做久"，所以短视的宣传不是他们要选择的方向。

也正因为如此，华为的广告很少出现在公众媒体上。恰如任正非本人经常所讲的那样："只有安静的水流，才能在不经意间走得更远。"

然而，这种低调的宣传策略使它的产品给人一种踏实、靠得住的感觉。相反，许多注重高调宣传的企业，却常给人一种浮夸的印象。

根据华为公布的业绩数字，2006年华为销售收入为656亿元人民币，销售合同销售额达到110亿美元，其中有65%来自海外市场。在目前TCL、联想等很多企业国际化困境重重的背景下，华为已经率先实现了国际化，成功打入世界级企业的行列。

或许只有考察历史，我们才能更深刻地了解任正非及其所领导的华为，才能真正理解任正非的沉默和低调所承载的意义和价值。在当今这个争名逐利、物欲横流的社会里，或许缺少的恰恰就是这种低调做人、踏实做事的精神。

其实，无论对于一个人还是一个企业的发展来说，荣誉、名声都只是些虚无缥缈的东西，说到底不过是过眼云烟而已。名誉固然重要，但切实的利益、长远的发展才是更为重要的，因此，无论是个人，还是团体，只有淡化功名，踏踏实实地立足现实，才能更容易取得胜利，创造奇迹。

没有匍匐的本领，哪能一飞冲天

世界上不可能有生下来就能搏击长空的老鹰，我们每个人都需要通过自己的努力和勤奋来磨炼自己，认识自己的优势和劣势、所长和所短。

古代有一位将军，在撤退的时候始终在后面。回到营地后大家都称赞他勇敢。他却说："非勇也，马不进也。"他虽然不承认自己勇敢，把自己断后的行为归结为马走得太慢，但人们更加赞扬他，并把他的勇敢和谦虚载入史册。

有一年，世界重量级拳王阿里到中国访问时，与中国的老将进行了表演比赛。他故意装作被打倒在地，引起在场观众热烈鼓掌，一时传为美谈。

"主动趴下，匍匐前进"是一种明智的做法。

然而，主动趴下并不是甘居弱小，匍匐并非趴着不动，而是自己先倒下了，别人就无法再使你跌倒，匍匐前进正可以无声无息地做着别人连做梦都想不到的事情。

匍匐前进，这看起来似乎速度太慢，缺乏英雄气概，但是能

别让人生输给了心情

登上最高地位的，往往就是那个与地面贴得最紧的人。

提起新东方和俞敏洪，几乎没有哪个学过英语的人不知道这个名字。他从一个普通教员走向了"教师首富"，并把一个梦想变成了影响成千上万人命运的产业：他让专业教育产生核聚变。2006年9月7日，美国纽约证券交易所见证了来自东方的新传奇。作为中国第一家在纽约证交所上市的教育机构，新东方催生了近10名身价过亿的教师。有人说他是中国最成功的老师，有人说他是一个纯粹的商人，然而他将这两种角色结合在了一起，成了中国最富有的商人教师。

看到身边一个又一个的名人，也许你会从心里生出对他们由衷的羡慕，看着他们名利双收，你也许在想，自己什么时候才能像他们那样引人注目。

我们都羡慕那些名人现在所取得的成就，但是很少有人知道，在多年前，他们也曾是默默无闻的小人物，他们也是一个普通人。在没有一飞冲天之前，他们也是在地面上跌撞着练习。俞敏洪也是这样。

从常熟师范到北大，从大学教师到中国最富有的教师，从新东方到计划创建中国最高质量的私立大学。这是俞敏洪到目前为止的人生经历。

一步步走到今天，俞敏洪历经艰辛，如今堪称中国富豪的俞敏洪仍然会把自己的那段艰苦经历拿出来勉励自己和他人。

由于在大学三年级时因肺结核病休一年，俞敏洪从北大的80

级转到了 81 级，结果 80 级和 81 级的同学几乎全部把他忘了。当时有同学从国外回来，80 级的拜访 80 级的同学，81 级的拜访 81 级的同学，但是竟然没有人来看俞敏洪，因为两届的同学都认为他不是他们的同学。那时候俞敏洪感到非常痛苦，非常辛酸，然而他的痛苦和辛酸远不止这些。

那时他已经是一名北大的英语教师，因为身边的很多同学都去了国外，他渐渐也萌生了出国的梦想，可是经过 3 年多的努力还是失败了，于是他一边当教师，一边在校外办起托福班，为自己的出国梦而忙碌。然而，有一天他在北大校园里听到了学校广播正宣读给他这种私自办学行为的处分。广播连续读了 3 天，处分的布告也在学校橱窗里张贴了一个半月。

不得已之下，他只好选择离开北大，自己创业。在北京冬日的寒风中，俞敏洪是这样起家的：一间 10 平方米的破屋，一张破桌子，一把烂椅子，一堆用毛笔写的小广告，一个刷广告的胶水桶。北京寒风怒号的冬夜，俞敏洪骑着自行车在北京的大街小

别让人生输给了心情

巷刷广告。手冻麻了，拿起二锅头喝两口暖暖身子。寒风中喝二锅头贴小广告，这时候的俞敏洪，显出了一种狠劲儿。

经历了几多艰辛的俞敏洪终于成功了，这个时候的他，已经得到原来 80 级、81 级同学的认可，而且也得到了学生的认可。

可他还是不会忘记那些曾经匍匐着前进的日子，一如既往地有着超乎常人的好心态。

如俞敏洪所讲的：把自己踩到最低。你说我是动物，我觉得我连动物都不如，你就拿我没办法了。

世界上不可能有生下来就能搏击长空的老鹰，我们每个人都需要通过自己的努力和勤奋来磨炼自己，认识自己的优势和劣势、所长和所短。懂得低姿态处世，我们就能获得一片广阔的天地，成就一份完美的事业，更重要的是，我们能赢得一个蕴涵厚重、丰富充沛的人生。

目光长远者最懂分寸，知进退

如果前方的横栏已经超过了你的极限，那么不妨先后退一步，等到蓄积了更多的力量，再来挑战。

"没有做不到的事情，只有想不到的事情。"教育工作者为了鼓励学生敢作敢为，经常用上这句话。所以经常看到有些人不顾一切地向前冲，即使已经撞到南墙了，也以为自己一定可以把南墙撞出个洞来。

可是在生活中，很多事情并不是我们努力了就一定能做好的，也不是你一路向前冲就一定能够到达理想的目的地。如果环境和其他的外在条件不允许，或者说我们的坚持有可能给自己带来灾难的时候，不如先往后退一步，保存实力，以备来日之需。

汉惠帝六年，相国曹参去世。陈平升任左丞相，安国侯王陵做了右丞相，位在陈平之上。

王陵、陈平并相的第二年，汉惠帝死，太子刘恭即位。少帝刘恭还是个婴儿，不能处理政事，吕太后名正言顺地替他临朝，主持朝政。

吕太后为了巩固自己的统治，打算封自己娘家侄儿为诸侯王，首先征询右丞相王陵的意见。王陵性情耿直，直截了当地说："高帝（刘邦的庙号）在世时，杀白马和大臣们立下盟约，非刘氏而王，天下共击之。现在立姓吕的人为王，违背高帝的盟约。"

吕后听了很不高兴，转而询问左丞相陈平的看法。陈平说："高帝平定天下，分封刘姓子弟为王，现在太后临朝，分封吕姓子弟

别让人生输给了心情

为王也没什么不可以。"吕后点了点头，十分高兴。退朝以后，王陵责备陈平为奉承太后愧对高帝。听了王陵的责备，陈平一点儿也没生气，而是真诚地劝了王陵一番。

陈平看得很清楚，在当时的情况下，根本不可能阻止吕后封诸吕为王，只有保住自己的官职，才能和诸吕进行长期的斗争。因此，眼前不宜触怒吕后，暂且迎合她，以后再伺机而动，方为上策。

事实证明，陈平采取的斗争策略是高明的。吕后恨直言进谏的王陵不顺她的旨意，假意提拔王陵做少帝的老师，实际上夺去了他的相权。王陵被罢相之后，吕后提升陈平为右丞相，同时任命自己的亲信辟阳侯审食其为左丞相。陈平知道，吕后狡诈阴毒，生性多疑，栋梁干臣如果锋芒毕露，就会因为震主之威而遭到疑忌，导致不测之祸，必须韬光养晦，使吕后放松警觉，才能保住自己的地位。

吕后的妹妹吕须恨陈平当初替刘邦谋划擒拿她的丈夫樊哙，多次在吕后面前进谗言："陈平做丞相不理政事，每天老是喝酒，和妇女游乐。"

吕后听人报告陈平的行为，喜在心头，认为陈平贪图享受，不过是个酒色之徒。一次，她竟然当着吕须的面，和陈平套交情说："俗话说，妇女和小孩子的话万万不可听信。您和我是什么关系，用不着怕吕须的谗言。"

陈平将计就计，假意顺从吕后。吕后封诸吕为王，陈平无不从命。他费尽心机固守相位，暗中保护刘氏子弟，等待时机恢复刘氏政权。

公元前 180 年，吕后一死，陈平就和太尉周勃合力，诛灭吕氏家族，拥立代王为帝，恢复了刘氏天下。

压力面前后退一步，可为自己赢得生存和发展的机会。千万不可为了一时意气盲目向前，那样既于事无补，又让自己反受其害。

聪明反被聪明误

天生聪明，你就拥有了成功的资本，但聪明也应审慎用之，聪明用于邪则误入歧途，机关算尽也会必有一失，有才是好事，但千万别"身死因才误"。

古今中外，要小聪明误事、甚至丢掉性命的人比比皆是，清朝的贪官和珅就是典型例子。和珅是有才，若无才，他何以由一名侍卫升为户部尚书兼军机大臣，官至文华殿大学士，封一等公？固然，献媚逢迎是其才之"专长"，但诚如鲁迅所说："帮闲也得有才。"他在狱中写的诗，即可作证。和珅为官，弄权要奸，朝野骂声不绝。故而当他的靠山乾隆帝（即诗中的"九重仁"）死后不久，就被新皇帝嘉庆宣布 20 条罪状，令其自裁。抄没家产约值八亿两，等于朝廷一年收入。这"八亿两"乃种种祸国殃民、巧言令色的诸般"前事"的积累和"物化"。因为机关算尽太聪明，反丢了性命，到头来"八亿两"还不是入了国库？"百年原是梦，卅载枉劳神"，总结得何等正确？恋生惧死，人之常情，和珅"伤感"于"前事"，他身陷囹圄之际，才明白是他的那种以权谋私的"才"，误了自身，罪有应得，没啥冤枉。

《红楼梦》中王熙凤才智过人，手腕灵活，权术机变，口才出众，大权独揽，营私舞弊，并且纵欲、自恃与狠毒，结果是"聪明反被聪明误，送了卿卿性命"。

观古可以鉴今。到头来感伤嗟叹，恨"才""误"身，那份欲说还休的复杂心情，是何等的悲哀与无奈？

王熙凤聪明吗？聪明。但是为什么反被聪明误呢？

第一，自视高人一等。聪明人总是比一般人多知道些事情，因此很容易就以为自己无所不知。

第二，孤立无援。一个人如果特别聪明，那么他就容易离群孤立，因为他觉得自己和其他人格格不入，对思维比他们慢的人不耐烦，于是很自然地会物以类聚，只和别的聪明人交往。如果一直保持这种习惯，"天马行空，独往独来"，不屑与人合作，并用自己的聪明排斥他人的经验，拒绝接受他人的意见，就大事不妙了。

第三，盲目自信，不计后果。聪明人总是在想"我的下一个高招是……"，他们老是觉得自己无所不知，都喜欢行险招，结果往往是聪明反被聪明误。

第四，过分的好胜心。许多聪明人都不了解一个简单的事实：强中更有强中手，那山更比这山高，即使你站在某一领域的顶点，你在这方面胜人一筹，也并不等于在另一方面一定能成功。

天资聪明，你就拥有了令人欣羡和成功的资本，但聪明也应审慎用之，聪明用于邪则误入歧途，机关算尽也会必有一失，有才是好事，但也别"身死因才误"。

做人必须要"吃透"很多学问，例如"聪明反被聪明误"，即为其一。"聪明"是一个带有限定性的词，处理不好，即会被聪明误，因为物极必反，任何事情都有一个限度。对深藏不露的意图可利用，却不可滥用，尤其不可泄露。一切智术都须加以掩盖，因为它们招人猜忌；对深藏不露的意图更应如此，因为它们惹人厌恨。欺诈行为十分常见，所以我们务必小心防范。但我们又不能让人知道我们的防范心理，否则有可能使人对我们产生不信任。人们若知道我们有防范心，就会感到自己受了伤害，反会寻机报复，弄出意料不到的祸患。凡事三思而行，总会受益良多。此事最宜深加反省。

第五章

跟自己较量，
和别人共用能量

你的人际关系，决定你的未来

每个人都在追求精彩的生活，都想在人生的这个大舞台上取得成功，但不是人人都可以如愿以偿。之所以有的人能够活出自己期待的样子，得到自己想要的生活，有的人却不能，一个重要的因素就是——人际关系。

黄巾乱世之中，刘备、关羽、张飞相遇，桃园结义，成就了千古美谈，也奠定了西蜀国的根基。以后三分天下，刘备始为皇帝，关羽、张飞也成开国元勋、西蜀重臣。回头看看，刘、关、张结义之时，三人均是草民。刘备虽是汉室皇亲，却落得流浪街市，贩席为生。张飞只是一个屠夫，粗人。关羽杀人在逃，无处立身。三人结义后，彼此借势，相得益彰。董卓之乱时，吕布为枭雄。刘、关、张大战吕布，却只打成平手，可见吕布何等英雄。但吕布匹夫无助，枉自豪勇，最终为曹操所杀。而刘、关、张却彼此相仗，日益得势，最终立国树勋。

如果没有刘备、关羽、张飞的互相协助，也就不会有后来的三国鼎立的局面。在现代社会同样如此，只有人际资源丰富的人，才能更快地获得成功。

别让人生输给了心情

我们都知道比尔·盖茨之所以能成为世界巨富，是因为他掌握了世界的大趋势和他在电脑上的智慧与执着。其实，他的成功，除这些原因之外，还有一个关键的因素，那就是比尔·盖茨的人际关系资源相当丰富。

首先，比尔·盖茨调用自己亲人的人际关系资源。

比尔·盖茨20岁时签到了第一份合约，这份合约是跟当时全世界第一强的电脑公司——IBM（国际商业机器公司）签的。

当时，他还是位在大学读书的学生，根本不会有太多的人际资源。那么他怎能钓到这么大的"鲸鱼"？原来，比尔·盖茨之所以可以签到这份合约，中间有一个十分关键的中介人——比尔·盖茨的母亲。比尔·盖茨的母亲是IBM的董事，妈妈介绍儿子认识自己的董事长，这不是很理所当然的事情吗？假如当初比尔·盖茨没有签到IBM这个大单，顺利地掘到第一桶金，迈出进军IT业的第一步，相信他今天绝对不可能拥有几百亿美元的个人资产。

其次，调用合作伙伴的人际关系资源。

比尔·盖茨最重要的合伙人——保罗·艾伦及史蒂夫·鲍尔默不仅为微软贡献了他们的聪明才智，也贡献了他们的人际关系资源。1973年，盖茨考进哈佛大学，与现任微软CEO（首席执行官）的史蒂夫·鲍尔默结为了好朋友，并与艾伦合作为第一台微型计算机开发了BASIC（初学者通用符号指令代码）编程语言的第一个版本。大三时，盖茨从哈佛大学退学，投入到和孩提时的好友保罗·艾伦创建的微软公司，开发个人计算机软件。合作伙伴的人际关系资源使微软能够找到更多的技术精英和大客户。1998年7月，史蒂夫·鲍尔默出任微软总裁，随即亲往美国硅谷约见自己熟知的10个公司的CEO，劝说他们与微软成为盟友。这一行动为微软扩大市场扫除了许多障碍。

再者，发展国外的朋友，让他们去调查以及开拓国外的市场，常常会比微软自己"王婆卖瓜"的方式更加有效。比尔·盖茨有一个非常要好的日本朋友叫西和彦。他为比尔·盖茨讲解了很多日本市场的特点，并开发了第一个日本个人电脑项目，以此来开辟日本市场。

同时，比尔·盖茨雇用非常聪明、有潜力的人来一起工作。比尔·盖茨说："在我的事业中，我不得不说我最好的经营决策是必须挑选人才，拥有完全信任的人，可以委以重任的人，可以为你分担忧愁的人。"

那些成大事者，有些固然是天赋异禀、可恃才傲物之辈，但更多的还是朋友遍天下。人有智商、情商，自然可以拓展人际关系、聚拢无穷人气、成就非凡人望，进而获得成功。有了强大的人心所向，何愁不能成就一番事业。无论是在古代还是在现在，得人缘者才能得天下。

人在社会中，独木难成林

一堆沙子是松散的，可是它和水泥、石子、水混合后，却坚硬无比。

《水浒传》中，梁山好汉分工明确，有总指挥，有总策划，有管后勤的，有管保养的，有专门作战的勇士。在作战的群体中，也有打先锋的，有打主力的，有接应的，甚至还有探路的、养马的、治病的、看管犯人的、写书的、送信的……所有人各司其职，才能让梁山军马威震天下。

在各路好汉没上梁山之前，尽管都身怀绝技，但是谁也不能很好地生存下去，就是因为缺少合作。只有在一个统一的平台上，分工协作，才能将各自的优势发挥出来，才可能成就一番事业。

一个出色的球队，并不是几个大腕球星就能支撑起来的，取得好成绩还需要一个好教练，需要坚实稳定的替补球员，需要提供大量资金的投资方。

芝加哥公牛队的辉煌和没落正说明了这一点。乔丹、皮彭以及当年公牛队的其他成员解散后，都没有什么太好的表现，只有他们在一起的时候，才能创造三连冠的神话。

哲学家叔本华曾经说过："单个的人是软弱无力的，就像漂流的鲁宾孙一样，只有同别人在一起，他才能完成许多事业。"而科学家卢瑟福也说过："科学家不是依赖于个人的思想，而是综合了几千人的智慧，所有的人想一个问题，并且每人做它的部分工作，添加到正建立起来的伟大知识大厦之中。"

国内有一家合资企业招聘中层管理人员，12名优秀的应聘者经过初试，从上百人中脱颖而出，闯进了由公司经理把关的复试。

经理看过这12个人详细的资料和初试成绩后相当满意。但是，此次招聘只能录取 4 个人，所以，经理给大家出了最后一道题。经理把这 12 个人随机分成甲、乙、丙三组，指定甲组的 4 个人去调查本市婴儿用品市场，乙组的 4 个人调查妇女用品市场，丙组的 4 个人调查老年人用品市场。经理解释说："我们录取的人是用来开发市场的，所以，你们必须对市场有敏锐的观察力。

让大家调查这些行业，是想看看大家对一个新行业的适应能力，每个小组的成员务必全力以赴！"临走的时候，经理补充道："为避免大家盲目开展调查，我已经叫秘书准备了一份相关行业的资料，走的时候自己到秘书那里去取！"

3天后，12个人都把自己的市场分析报告送到了经理那里。经理看完后，站起身来，走向丙组的4个人，分别与之一一握手，并祝贺道："恭喜4位，你们已经被本公司录取了！"经理看见大家疑惑的表情，呵呵一笑，说："请大家打开我叫秘书给你们的资料，互相看看。"原来，每个人得到的资料都不一样，甲组的4个人得到的分别是本市婴儿用品市场过去、现在和将来的分析，其他两组的也类似。经理说："丙组的4个人很聪明，互相借用了对方的资料，补全了自己的分析报告。而甲、乙两组的8个人却分别行事，抛开队友，各干各的。我出这样一个题目，其实最主要的目的是想看看大家的团队合作意识。甲、乙两组失败的原因在于，你们没有合作，忽视了队友的存在。要知道，团队合作精神才是现代企业成功的保障！"

现代社会是一个崇尚分工合作的社会，一个人的能力再强，也不能包打天下，对于个人来讲，明智且能获得成功的捷径就是充分利用团队的力量。

微软中国研发部的总经理张湘辉博士说："如果一个人是天才，但其团队合作精神比较差，这样的人我们不要。中国IT业有很多年轻聪明的人才，但团队精神不够，所以每个简单的程序都能编得很好，但编大型程序就不行了。微软开发 WindowsXP 时有500 名工程师奋斗了两年，有 5000 万行编码。软件开发需要协调不同类型、不同性格的人员共同奋斗，缺乏领军型的人才、缺乏合作精神是难以成功的。"

随着知识经济的到来，竞争日趋紧张激烈，各种新技术、新知识不断涌现，市场化需求越来越多样化，使得现代企业管理面临的环境和情况越来越复杂。在很多时候，单靠一个人的力量是难以完成对各种错综复杂信息的处理和解决的，更不可能采取切实、高效的行动，这就需要依赖组织成员之间的相互合作、相互关联、协调行动，以解决各种复杂的难题，保持组织的应变能力和源源不断的创新能力。

人是群居性的动物，每个人都在社会这个大家庭中生活，彼此隔绝是不可能的，每个人都需要团队，每个人都需要合作。"滴水不成海，独木难成林"，只有团队之间真正地合作，才会汇成一股强大的力量，推动实现最终的目标。

成功人士的共同特征：善于向他人求助

一个人不能单凭自己的力量完成所有的任务，战胜所有的困难，解决所有的问题。须知借人之力也可成事，善于借助他人的力量，既是一种技巧，也是一种智慧。

《圣经》中有这样一则故事：

当摩西率领子孙们前往上帝那里要求赠予他们领地时，他的岳父杰罗塞发现，摩西的工作实在超过他所能负荷的。如果他一直这样的话，不仅仅是他自己，大家都会有苦头吃。于是杰罗塞就想办法帮助摩西解决问题。他告诉摩西，将这群人分成几组，每组1000人，然后再将每组分成10个小组，每组100人，再将100人分成两组，每组50人。最后，再将50人分成5组，每组10个人。然后杰罗塞告诫摩西，要他让每一组选出一位首领，而且这个首领必须负责解决本组成员所遇到的任何问题。摩西接受了建议，并吩咐负责1000人的首领，只有他才能将那些无法解决的问题告诉自己。自从摩西听从了杰罗赛的建议后，他就有足够的时间来处理那些真正重要的问题，而这些问题大多数只有他自己才能够解决。简单一点儿说，杰罗塞教给摩西的，其实就是要善于利用别人的智慧，善于调动集体的智慧，用别人的力量帮助自己克服难题。

很多事情就是这样的，当我们无力去完成一件事时，不妨向身边可以信任的人求助，也许对我们来说费力不讨好的事情，对他们来说却可能不费吹灰之力就能轻松"搞定"。与其自己苦苦追寻而不得，不如将视线一转，呼唤那些有能力解决问题的人，这样赢取胜利的过程自然会顺利不少。

一个小男孩在沙滩上玩耍。他身边有他的一些玩具——小汽车、货车、塑料水桶和一把亮闪闪的塑料铲子。他在松软的沙滩上修筑公路和隧道时，发现一块很大的岩石挡住了去路。

小男孩企图把它从泥沙中弄出去。他是个很小的孩子，那块岩石对他来说相当巨大。他手脚并用，使尽了全身的力气，岩石却纹丝不动。小男孩一次又一次地向岩石发起冲击，可是，每当他刚把岩石搬动一点儿的时候，岩石便又随着他的稍事休息而重新返回原地。小男孩气得直叫，使出吃奶的力气猛推猛挤。但是，他得到的唯一回报便是岩石滚回来时砸伤了他的手指。最后，他筋疲力尽，坐在沙滩上伤心地哭了起来。

这整个过程，他的父亲在不远处看得一清二楚。当泪珠滚过孩子的脸庞时，父亲来到了他的跟前。父亲的话温和而坚定："儿子，你为什么不用上所有的力量呢？"男孩抽泣道："爸爸，我已经用尽全力了，我已经用尽了我所有的力量！""不对，"父亲亲切地纠正道，"儿子，你并没有用尽你所有的力量，你没有请求我的帮助。"说完，父亲弯下腰抱起岩石，将岩石扔到了远处。

可见，不要羞于向强者求助，有时对自己来说是天大的难事，对强者而言不过只需要动动手指头。甚至在另外一些时候，即使是敌人，也可为己所用。

借人之力，为自己服务，以让自己能够高居人上，这是一个人很难能可贵的地方。尤其对自己所欠缺的东西，更需要多方巧借。善于借助别人的力量，善于利用别人的智慧，广泛地接受多家的意见，多和不同的人聊聊自己的构想，多倾听别人的想法，多用点儿脑子来观察周遭的事物，多静下心来思考周遭发生的一些现象，将让你受益匪浅。

正如奥地利著名作家斯蒂芬·茨威格说的："一个人的力量

是很难应付生活中无边的苦难的。所以，自己需要别人帮助，自己也要帮助别人。"所谓孤掌难鸣，独木不成桥，在这个世界上没有完美的人，巧妙地借助他人的力量为我所用，自然会有事半功倍的效果。

个人主义在现代社会早就落伍了

我们对于"吃自己的饭，流自己的汗"的气概很是欣赏。于是，为了实现自己的理想，达到自己的目的，就不择手段，单枪匹马上阵，生怕别人抢了自己的功，把自己淹没。但到头来什么也占不着，还把自己的精力全消耗完了。

在非洲丛林中，号称丛林之王的狮子往往长期处于饥饿之中，是什么原因呢？答案就是狮子捕猎的时候都是独来独往。而丛林里另一种肉食动物——鬣狗，则是成群活动，大的鬣狗群有数百只，小的也有几十只，它们很少自己猎食，而是等狮子把猎物杀死以后，从这个丛林之王嘴里抢食！

虽然单个鬣狗对于强大的狮子来说根本不值一提，可是成群的鬣狗团结起来却让这个丛林之王却步——争夺的结果，往往是狮子在旁边看鬣狗分享自己辛苦狩猎的成果，等到鬣狗吃完了拣一些残羹冷炙聊以果腹。

生活中有这么一种人，他们像狮子一样，能力超群，才华横溢，自以为比任何人都强，连走路的时候眼睛都往上看。他们藐视人生规则，不把朋友的忠告当回事，甚至连长辈的意见也置若阋闻，在以团队合作为主的人群里，他们几乎找不到一个可以合作的朋友。

独木难成林，再优秀的人，如果不能与团队合作，也难取得成功。在企业中，我们不难发现那种很有才华但喜欢"吃独食"的人。这样的人让企业的管理者非常苦恼。

一位总经理提到自己当年在某大公司做策划部主任时，遇到了一个非常没有团队意识的员工，他说："我的部门里有这样一个年轻人，极为聪明，他的策划案非常有新意，点子也非常多，但是当公司开策划会的时候，他从来不主动发言，你问到他头上，他也不一次把所有想法都说出来。可你要求他自己出策划案时，那些火花、创意，又让你不得不承认他做得漂亮。他总是自以为是，而且公开宣称他的创意为什么要给别人？我几次跟他谈过，一个部门的成就是大家一起创造的，在一个集体里没有与自己无

关的事。可他说，不是分内的事为什么要替别人操心？唉，人是聪明人，就是没有团队意识。"

这样的人个人意识特别强烈，他的个人发展不顺利是再正常不过了。与团队意识相对立的就是个人英雄主义，这样的人一味地追求个人卓越，而忽视或无视团队的成败。但是创意只有在碰撞中才会产生耀眼的火花，个人意识太强的人不会与别人产生碰撞，也不会有团队的创意。因此，尽管他很聪明，但他的优秀就长远来看也只是昙花一现的。

史蒂夫22岁就开始创业，从一清二白打天下，到拥有两亿多美元的财富，他仅仅用了4年时间，因此不能不说史蒂夫是一个创业天才。然而，史蒂夫却因为从来都独来独往、拒绝与人团结合作而吃尽了苦头。

他骄傲、粗暴，瞧不起手下的员工，像一个国王高高在上，他手下的员工都像躲避瘟疫一样躲避他，很多员工都不敢和他同乘一部电梯。因为他们害怕还没有出电梯就已经被史蒂夫炒了鱿鱼。就连他亲自聘请的高级主管——优秀的经理人、原百事可乐公司饮料部总经理斯卡利都公然宣称："苹果公司如果有史蒂夫在，我就无法执行任务。"

由于二人水火不容，董事会必须在他们之间决定取舍。当然，他们选择的是善于团结员工、和员工拧成绳的斯卡利，而史蒂夫则被解除了全部的领导权，只保留董事长一职。

对于苹果公司而言，史蒂夫确实是立下了汗马功劳，是一个才华横溢的人才，如果他能和员工们团结一心，相信苹果公司是战无不胜的。可是他却选择了孤立独行，这样他就成了公司发展的阻力，才华越出众，对公司的负面影响就越大。所以，即使是史蒂夫这样出类拔萃的老员工，如果没有团队精神，公司也只好忍痛舍弃。

随着企业规模的日益阔大，企业内部分工也越来越细，任何人，不管他有多么优秀，仅仅靠个体的力量来发展整个企业都是不可能的。所以，现在世界上各大优秀企业，包括世界500强这样的顶级企业，都在强调职工要具有良好的团队精神。

一个员工，只有充分地融入整个企业、整个市场的大环境当中，他的能力才能充分地发挥，才能创造更大的经济效益。

协作才能发展，协作才能胜利，这已经成为今天很多企业领导者的共识。合作产生的力量不是简单的加权，团队的力量远远大于一个优秀人才的力量，协作的力量要大于每一个人力量的总和。

拿破仑带领法国军队进攻马木留克城的时候，一向所向披靡的法国军队遭到了顽强的抵抗。原来马木留克兵都很高大，一个法国士兵根本打不过一个马木留克士兵。后来法国人发现，两个法国士兵就可以打过两个马木留克兵，而一群法国士兵就可以胜过一群马木留克兵。原来，马木留克兵虽然高大强悍，却不重视合作，作战时都只顾自己打，同伴之间缺少接应。于是，法国士兵调整战术，避免跟他们单打独斗，靠着相互协作，最终击败了马木留克兵。

有的人说 1+1 ＞ 2，团队有那么大的力量吗？让我们再来看看"蚁团效应"。

蚂蚁是自然界最团结的动物，这种团结在遇到危机的时候表现得最充分。当蚂蚁的巢穴面临洪水的威胁，它们的生命系于一线时，它们会牢牢地聚在一起，形成一个巨大的蚁团。当洪水袭来，蚁团外围的蚂蚁被洪水无情地卷走了，这些蚁团被一层层地掀下来，但是仍有部分蚂蚁幸存下来。同样，当大火袭来，它们也是采取这种方法，虽然外围蚂蚁一个个牺牲，但是这个蚁团并不散开。这就是著名的"蚁团效应"！

团队里的每一个成员都要有这种蚁团精神，凝聚在一起，那么就没有过不去的坎。

团结就是力量，就是战斗力，所以很多公司都将团结意识作为衡量员工的标准之一。摒弃不合时宜的个人主义吧，把个人的目标融入集体中，单枪匹马闯天下的时代已经过时，现在需要的是合作。

做事能力只给你一种机会，而交际能力却给你一百种机会

当你刚刚从学校毕业，好不容易找到一份工作后，你首先想到的一定是：我要努力工作，认真做事。不错，你的想法很好，年轻人就是要多做事，才能积累工作经验，但是在做事的同时，你千万不要忘了做人。不要只顾埋头苦干，而与身边的人甚至是你的上司毫无沟通。

如果你这样做，用不了多久，你的工作成绩也许会让你继续留在公司工作，但是你一定会觉得有些孤独。不要觉得其他人是因为你是新人而忽略你，事实上是你自己缺乏主动，没有结交朋友的诚心和热情，别人自然是不会主动去接纳你的。

再过一段时间，如果你依然不改善你的人际关系，当你的工作需要同事们协助才能开展的时候，你就会觉得自己的力量是多么有限。很多事情是你一个人无法去完成的，即使你的能力再强，再优秀。

简单地说，这有点儿像你在评选三好学生，成绩完全符合要求，可惜你在班上没什么人缘，那么你肯定是评不上三好学生的，因为同学选举这关你就过不去。你只能是个成绩不错的学生，而失去了成为三好学生的机会。在学校，我们固然可以放弃一些机会，但是到了社会上，如果你还是保持这样的做人的态度，那么你失去的机会将会很多很多。

学会处理与周围人的各种人际关系，你才能逐步建立起属于你自己的人际关系，才能赢得更多的发展机会。也只有将人际关系处理好了，你才能在新环境中做到游刃有余，才能给领导留下个好印象，让客户看到你的诚意。

王立好不容易通过笔试、面试，顺利地进入了一家国企。他一直信奉老师给他的赠言："多做事，少说话。"于是，刚到岗，他就立刻投入到工作中去，对于难解的研究课题，他经常加班加点地忙活。就这样，他一直忙于自己的工作，甚至没有时间去和同事们沟通。

而和他一起进入企业的还有一个新人，叫张强，他没有王立那么高的学识和才干，但是他很招人喜欢，参加工作没多久就和同事们混得很熟，即使碰到业务上的难题也常有人来主动帮忙。所以虽然他在专业上有所欠缺，但是工作上基本能做到让领导满意。再加上他善于察言观色，善于与人沟通，不仅在部门内部获得了好人缘，企业其他部门的人都对他的表现称赞有加。

一年很快过去了，王立的科研成果显著，还获得了科技奖。

张强因为工作协调能力突出而被指派升为该科研小组的组长，负责项目的对外联络和开发。又过了几年，王立的科研项目得到过几次奖励，但在职位上却仍是科研人员。而张强因为其出色的沟通才干，为企业赢得了不少新项目，还给企业带来了实际效益，已经晋升为部门主管。王立虽然一直勤勤恳恳、认认真真地工作，可是无论自己做事多么认真勤奋，到头来还只是普通职员，看着张强步步升迁，而自己还是普通职员，心里真是有些想不通。

难道他老师的话说错了吗？不是应该多做事，少说话吗？其实王立是进入了一个交际的误区。他的老师告诉他"少说话"，并不是不说话，是让他多去倾听别人的讲话，在了解情况后，就要主动去说话，去和人沟通。很显然张强在这方面就做得很好，正因为他善于与人交往，建立了自己的人际关系，所以他才能在工作中如鱼得水，并且能够步步高升。

鼓励年轻人要多做事是正确的，但是俗话说得好，"三分做事，七分做人"。仅仅只把你手头上的工作做好是不行的，还要学会如何做人，如何处理你的人际关系。只有处理好你身边的人际关系，才能促使你在工作中做得更好，才能赢得他人的赞赏。

有句话说得好，做事能力只给你一种机会，而交际能力却给你一百种机会。不管你的专业技能有多强，你的个人能力有多突出，都不能离开其他人的支持，毕竟孤军奋战不如团体作战的战斗力更强。而拥有了你自己的人际关系，你便可以以便捷的途径获取到成功的机会，这也是为什么有的人只能默默地做一辈子小职员，而有的人却能步步高升。相信你也想成为后者吧！

亮出闪光点，摆脱"谁也不是"的状态

长久以来，很多人对于拓展人际关系有一种很深的误解，认为认识的朋友多就等于人际关系广泛，他们信奉所谓的"你认识谁，比你是谁更重要"。其实，在人际关系这方面，最重要的不是"你认识谁"，而是"谁认识你"。也就是说，拓展人际的过程，与其说是"我要认识更多的人"，不如说是"让更多的人认识我"。因此，拓展人际关系的第一步就是要成为"别人渴望认识的人"，如果想要认识更多的朋友，那么首先要让别人看到你的价值，比如你的某种专长、能力或者特质。

以前很多人际关系书籍中都强调"要积极主动地认识新朋友"，却不强调提升自我的价值。看起来这是主动拓展人际关系的方式，其实这是很被动的，因为选择权在别人手上。当你"谁也不是"的时候，是别人在选择你作为朋友，而不是你选择别人。但是，一旦你有了自己的闪光点，成为"别人渴望认识的人"之后，主动权就重新回到了自己的手上，是由你来选择和某些人做朋友，而不是由别人来选择你。

也许你现在"人微言轻"，但每个人都有自己无可替代的价值，建立人际关系的第一步，就是自我设计，打造自己的闪光点，并且通过一定的方式和技巧把你的价值传播出去，让更多的人认识你。

打造闪光点，可以从自己的强项开始。每个人都有自己独特的能力，从自己独特的能力开始，是最容易打造闪光点的方法。

丹丹是一家饮料公司的业务主管，因为她平易近人、说话随和，所有的客户都喜欢和她谈话。每逢碰到同事和客户谈崩的时候，就会让她出马。只要她一去，不管什么冰山都会融化成一江春水。她个人的闪光点就是"化解矛盾的专家"。

每个人都应像丹丹一样及早找到自己的强项，尽量发挥，这是快速脱颖而出的秘诀！你的表现是你的最佳简历。我们必须做到处处打造自己的闪光点，让每个见过你的人都能记住你，若你果真有能力和风格，那样，成功就离你不远了。

无论是打造闪光点还是个人品牌，总之你要能够让别人一下就能记住你。想要建立广泛的人缘，就必须早日摆脱"谁也不是"的状态，把你的名字深深地印在别人的脑海中。

把自己武装成"绩优股"，吸引各方的注意

有句俗话叫："王婆卖瓜，自卖自夸。"虽然其中蕴涵了一些对自吹自擂者的讽刺意味，但这种自我宣传在某些情况下还是很有必要的。

社会就如同竞技场，有许多机会都是要靠自己去争取的。如果有能力，就应该自告奋勇地去争取那些别人无法完成的任务，千万不要让自己淹没在人群中，或者躲在被人们遗忘的角落里。成功者会让自己闪耀夺目，像磁铁一样吸引各方的注意。

别让人生输给了心情

有一匹千里马，身材非常瘦小，它混在众多马匹之中，默默无闻。主人不知道它有与众不同的奔跑能力，它也不屑表现，它坚信伯乐会发现它的过人之处，改变它的命运。

有一天，它真的遇到了伯乐。伯乐径直来到千里马面前，拍了拍马背，要它跑跑看。千里马激动的心情像被泼了盆冷水，它想，真正的伯乐一眼就会相中我，为什么不相信我，还要我跑给他看呢？这个人一定是冒牌的。千里马傲慢地摇了摇头。伯乐感到很奇怪，但时间有限，来不及多作考察，只得失望地离开了。

又过了许多年，千里马还是没有遇到它心中的伯乐。它已经不再年轻，体力越来越差，主人见它没什么用，就把它杀掉了。千里马在死前的一刻还在哀叹，不明白世人为什么要这么对待它。

客观而言，千里马的一生是悲惨的，可以说是"怀才不遇"。它终年混迹于平庸之辈中，普通人不能看出它的不凡之处，伯乐也错过了提拔它的机会。但是谁导致这种悲剧的呢？是它的主人，还是伯乐？都不是。怪只怪千里马自己，假如它当初能够抓住机遇，勇敢地站出来，在伯乐面前不顾一切地奔跑，表现出自己与众不同的优秀品质来，用速度与激情证明自己的实力，恐怕它早就离开那个狭窄的空间，到属于自己的广阔天地尽情施展才能了。

人们过去总说"酒香不怕巷子深"，但事实并非如此。试想，要有多么浓郁的芳香才能从深巷里传入人们的鼻中呢？又有多少人能够静下心来寻找这芳香的源头呢？再香的酒，只怕最终也不过落得个"长在深巷无人识"的结局。许多人常慨叹怀才不遇，却不知道能力是需要表现出来的，有本事就要发挥出来，不吭声、不动作，谁会知道你胸中的万千丘壑，谁会将你这匹千里马从马群中挑选出来呢？

不少人总是满怀希望地等待着，期待伯乐发现自己、提拔自己。只可惜千里马常有，而伯乐不常有，并不是所有领导、上司都独具慧眼，将机会拱手送上。在你做白日梦的时候，别的千里马，甚至是九百里马、八百里马们早已迎风驰骋，令众人瞩目，获得了充分展示自己的舞台。而默不作声的你，自然只能被淹没在无人问津的平庸者当中。

现实终究是现实，成功的机会不会自动跑到你面前来，一切都要靠你自己去争取。要知道，就算天上掉下馅儿饼，也要主动去捡，而且必须抢先别人一步。金子如果被埋在土里，就永远不会闪光。

因此，即便是实力再强的人，也要学会表现自己，要善于表现自己，才能让自己的优势展现于世人面前，才能使自己成为求才若渴的人们心目中的"抢手货"。

一个成功的人，不仅要拥有雄厚的实力，还要善于表现自己，

别让人生输给了心情

这样才有机会脱颖而出。

正如美国著名演讲口才艺术家卡耐基所言："你应庆幸自己是世上独一无二的，应该把自己的禀赋发挥出来。"在如今这个凸显自我价值的时代，实力已不是成功的唯一条件，还需扩大自己的影响力，赢得更多的人缘。

人的身上真的有"磁场"，会吸引一些人，也会排斥一些人

相信你一定碰到过这种情况：遇到一个人，在完全还不了解的情况下，就是觉得想跟他成为亲近的朋友；而遇到另一个完全不认识的人，你却没有原因地不太喜欢，甚至有一丝嫌恶，尽管他看起来是来自精英阶层。你也许觉得这是"首因效应"在起作用，其实，这只是答案的表皮而已，根本的原因是每个人身上都像磁铁一样有一个"磁场"——你和前一个人的"磁场"相吸，而和后一个人的"磁场"相斥，由于"磁场"碰撞的不同反应而在你心里产生了不同的感觉。当然，为了和磁铁的"磁场"相区别，研究者把人类自身的场称为"气场"。

那么，气场是怎么样形成并存在的呢？

世界是物质与能量的集合，而人的能量场可以直接与宇宙能量进行交流，这是一种比力更高级的存在——气场。通过它，你不仅可以和宇宙对话，还能获得无穷的力量。无论是吸引成功还是影响他人，都可以通过这宇宙中最伟大的力量来实现。

如果有人告诉你，世上的万事万物都是虚幻，这个世界只由两种基本元素构成，你不要以为这是在说电影《黑客帝国》的故

事情节。物理学中的两大守恒定律告诉我们，世间的一切都在不断变化和生灭，只有物质和能量是不生不灭的。正如虚拟的电子世界由 0 和 1 组成，现实世界也是由物质和能量这两种基本元素构成的。

但是，仅有一堆杂乱的 0 和 1 不能叫一个程序，仅凭物质和能量的堆砌也无法产生世间万物。只有满足特定的组合形式，0 和 1 才能产生出无穷变化的序列，物质和能量才能形成各种不同的事物。这个组合形式就是信息。物质按照特定信息组合起来就构成有形的物质世界，而能量按照特定的信息组合起来就构成了各种无形的能量场。能量世界与物质世界的不同在于前者没有绝对的分界，整个宇宙就是一个无形的能量场。

如果你觉得这太不可思议，那么不妨去看看由詹姆斯·卡梅隆执导的科幻电影《阿凡达》。这部影片不仅讲述了一个美丽的故事，更为我们理解自身与能量的关系提供了很好的参考。

在潘多拉星球上有一棵神圣的灵魂树，它是凝聚潘多拉星球上万物和谐共处、平等尊重的图腾。纳威人重视心灵的沟通——人与人、人与动物、人与植物，所有生物和谐共处。

纳威人懂得生命的存在不过是从此到彼，循环不已；神是无处不在的，神能感知感应到纳威人的所思所想，并在冥冥中指引着纳威人顺应自然的规则。当今社会的很多人却失去了真正的爱——那种真实、平衡、自由的爱，他们忘记了自己来自自然，宇宙才是真正的母亲。

别让人生输给了心情

在《阿凡达》这部虚构的作品背后，有一个深刻的启示：人是世界的表象和个体化，人的本质和世界是同一的。我们的身体正如一个容器，承载着精神，也就是心灵；而心灵能量是不受身体束缚的，可以直接与宇宙能量相通。从我们的每一次呼吸、每一次心跳，到每一次潜意识的流动、每一次思考判断，都伴随着能量信息流的输出与输入。既然是能量，那就一定有强弱正负之分，这在与外界接触时就表现为各种力的作用——吸引、排斥、吸收、转化、抵消等。以某个人为核心的能量场具有的力，当然也是由他的身体和心灵决定的。

从某种角度看，人类是万物的主宰，不是因为人在物质基础上有多么强大，而是因为人类具有强大的心灵能量，并能够利用它去认识、利用并改造事物。人类中的佼佼者则是能量场最强之人，他们不仅拥有强大的心灵能量，还能将它转化为身体能量释放出来，从而获得无穷的创造力和对周围人的影响力。

这就是人和宇宙的秘密，而这秘密的核心可以归结到人的心灵能量场——气场。这种气场在每个人身上都是不相同的，而每个人身上的气场又可以通过后天的培养和改善，形成更加独特的人格魅力。

如果能被对方需要，自己也会变得很重要

事物都有其存在的特定价值：货币因流通的需要而存在，食物因饥饿的需要而存在，火因寒冷的需要而存在……人虽然与其

他的事物不尽相同，但同样有被需要的情感诉求，就像母亲被子女需要、情侣被对方需要一样。

真正聪明的人宁愿让人们需要，而不是让人们感激。因为，如果你能被他人需要，你就会在他人心中变得重要。有礼貌的需求心理比世俗的感谢更有价值，因为有所求，便能铭心不忘，而感谢之辞最终将在时间的流逝中淡漠。所以在对方需要你的时候，你才能觉得自己很重要，这是两全其美地经营我们的感情。因为别人的需要，不但能延伸我们的情谊，关键时候还能保护自己。

法国国王路易十一的宫廷中有许多预言家，其中有一个尤为与众不同。这位预言家曾预言一位贵妇会于三日之内死亡，结果预言成真。大家非常震惊，路易十一也被吓坏了。他想：如果不是预言家杀了贵妇以证明自己预言的准确，就是预言家的法力太高深了。路易十一感到了巨大的威胁，于是决定杀掉预言家，以摆脱自己受制于人的命运。

路易十一下令士兵在宫廷中埋伏好，只要他一发出暗号，就冲出来将预言家杀死。预言家接到路易十一的召见，很快便来到了王宫，路易十一一见他便问："你自诩能看清别人的命运，那你告诉我，你能活多久？"聪明的预言家稍做思考之后回答说："我会在您驾崩前三天去世。"

预言家的话令路易十一震惊，为了保住自己的性命，路易十一最终没有发出杀预言家的暗号。预言家凭着路易十一对他的依赖与需要，不单保住了性命，还得到了国王的全力保护，路易十一甚至聘请最高明的医生照顾他，享受了一生安康和奢华生活的预言家比路易十一还多活了好几年。

可见，让自己变得重要会使你的人生之路更加平坦，也可以令你有更大的发展。而实现这一点最好的方法，就是让别人依赖你、需要你，一旦离开了你，他的计划就无法进行，他的生活就难以继续。在这样的相互关系中，只需一个小小的举动，就能带来无数的感激。需要能带来感激，感激却未必能产生需要。

正如卡耐基所言："别指望别人感激你。因为忘记感谢乃是人的天性，如果你一直期望别人感恩，多半是自寻烦恼。"你的价值因别人的需要而存在，被人需要胜过被人感激，与其让对方感激你，不如让他有求于你。

团队合作，才能采到比别人更多的果子

如果你想在事业上取得成功的话，首先在公司内一定要受到众人的瞩目，成为既有才能又有人缘的人才；否则，你的上升运势或许会直线下降。生活中的确有不少这样的实例，有些人由于不重视公司内的人际关系，把自己孤立在交际圈之外。

费文是个时尚的年轻人，喜欢重金属音乐，又有点儿小资情调。毕业后，他进入一家日化公司从事销售工作，凭着机智和良好的口才，他的销售成绩相当不错。可是费文却觉得有点儿孤独，他觉得同事不是老古板就是没内涵，因此，他在公司里几乎没有什么朋友，下班了就约上自己的死党去吃饭。公司有集体活动费

文也很少参加。同事拉他去 KTV，他说他对口水歌不感兴趣；公司举办舞会，他说那是群魔乱舞，自己可不想被体重超标的女同事踩来踩去……总之，公司的活动他是能躲就躲，去了也只是意兴阑珊地待一会儿就走了。同事们都生气地说："看来是我们格调太低，不配和人家来往。"领导对他也颇有微词。

一年后，同他一起进公司的人，除了他和几个业绩太差的，普遍都获得了提升，他愤愤不平地去找领导，质问为什么对他另眼相看。领导淡淡地看了他一看："这要问你自己吧！你真的把自己当成公司中的一员了吗？在公司里你有关系不错的同事吗？人缘这么差，即使我提升了你，谁又肯听你的呢？"费文根本无法回答领导的问题，只好灰溜溜地走了。

费文不懂得搞好公司内部的人际关系，缺乏团队精神，结果成了公司的特殊分子，只能做最基础的工作，无法获得提升的机会。这也是生活中很多人都存在的问题，结果他们在公司内的人缘越来越差，自己逐步被孤立，提升也就无从谈起了。

陈述的舅舅是某公司的总经理，舅舅觉得陈述是个人才，好好磨炼一下，将来可以在事业上给自己帮助，于是就让陈述参加了公司的招聘，果然，陈述以优异的成绩进入了公司。为了让陈述接受锻炼，舅舅特意嘱咐他隐瞒两人的亲属关系，好好工作。

上班之后，陈述觉得舅舅的公司存在很多问题，在他眼里，相当一部分员工，包括他的顶头上司都是不称职的，再加上认为自己身份特殊，因此他当起了"独行侠"，很少与同事来往。上

班近 3 个月，在公司里，他竟然没有一个比较说得来的同事。不仅如此，他那骄傲狂妄的态度还着实惹恼了不少人。

陈述的舅舅对陈述的工作成绩还算满意，但还想知道陈述在其他方面的表现如何。一次路过员工休息室时，无意中听到了员工对陈述的评价："唉，你们说陈述那小子像什么？像不像开屏的孔雀？""什么？孔雀？太抬举他了吧！我看倒像茅坑里的石头——又臭又硬！""看他一副狂妄的样子！他有什么了不起的啊！幸亏他只是个小职员，他要是经理，尾巴还不翘上天去啊！""他要是经理啊，我看一半员工都要辞职……"

总经理大吃一惊，他没想到陈述的人缘竟然这么差，他又找来了陈述的部门主管，故作不经意地提起陈述。结果部门主管说："他的能力是有的，但在处理人际关系方面有很大问题。老实说，我是领导，不希望手下有这种员工，他已经给我的部门的团结带来了危害。我正想跟人事部门打招呼呢！"第二天，陈述离开了公司，临走前舅舅送给他一句话：进入了一个集体，你就得适应这个集体。

一个人缘极差的人是无法在公司里生存的，试想在人人排斥、讨厌他的情况下，怎么能把工作做好呢？为了成为有杰出表现的人才，我们就必须在公司内培养好人缘，想办法与众人增进感情，真正融入一个集体中去。

别让人生输给了心情

第六章

带着你的微笑和武器，
面对人生的不期而遇

阳光照不到你的生活，微笑着才发现沿途开满花朵

汪国真有诗云："我微笑着走向生活，无论生活以什么方式回敬我。报我以平坦吗？我是一条欢乐奔流的小河。报我以崎岖吗？我是一座庄严思索大山……"谁能说人生没有遗憾、没有失落，失落中只伴随着忧郁，阳光照不到你的生活；只有微笑着走向生活，才发现原来沿途开满了花朵。

体会了没有脚的痛楚，才明白为没有鞋子而哭泣是多么浅薄；经历了归途的风雨坎坷，蓦然回首，才发现来时的路却是怎样美丽的一种风景。

没有人能够完全把握前路的东西，但也没有理由不微笑走向生活……

古语云："甘瓜苦蒂，物不全美。"从理念上讲，人们大都承认"金无足赤，人无完人"。正如世界上没有十全十美的东西一样，也不存在什么完人。但在认识自我、看待别人这一具体问题上，许多人仍然习惯于追求完美，求全责备，对自己要求样样都是，对别人也往往是全面衡量。

任何人总是有优点和缺点两个方面。俗话说："寸有所长，

别让人生输给了心情

尺有所短。""十个手指不一般齐。"长处再多的人,也不免有所短;缺点再多的人,也必定有所长。

美国大发明家爱迪生,有一千多项发明,被誉为"发明大王",他在晚年,却固执地反对交流输电,一味地主张直流输电;电影艺术大师卓别林创造了深刻而生动的喜剧艺术形象,但他极力反对有声电影;创立了《相对论》的伟大科学家爱因斯坦,他的智慧带来了科学思想的革命,却不能处理好自己的家庭关系……奥地利圆舞曲之王约翰·施特劳斯逝世100周年之际,一本新出版的传记以几百封从未曝光的书信为依据指出,这位创作了《蓝色多瑙河》等许多著名圆舞曲的施特劳斯,其实动作笨拙,不会跳舞。

他还害怕阳光，非常胆小，也害怕黑暗，不敢独处，没有半点儿幽默感，真正的施特劳斯与众人想象中的活泼形象完全不同。

这些事实说明，大师、著名人物也都不是完人、超人，也不可能十全十美。他们的缺点和失误相比于他们给予人类的贡献，当然是次要的。但通过这些事实，我们应当明白，人无完人，人生有缺憾，才是真实的，正常的。

维纳斯塑像的断臂，引得众多的学者、文人、工匠进行思考、论证、试验，想对她的断臂进行重新"安装"。可是，种种假设和计划均告失败。于是，围绕在维纳斯身上的神秘感越来越浓，作为爱神，断臂的维纳斯似乎更受人们的喜爱，也更能引起人们做种种的猜想和遐思。由此可见，并不完美的缺憾之处从某种意义上看不也是一种美吗？

所以，当缺憾也成为一种美的时候，面对生活中仅有的一些不顺利，你除了恬淡接受，泰然处之，还有什么其他的选择吗？

美好的日子给你带来经历，阴暗的日子给你带来阅历

待业、裁员、下岗……这些词汇每天都充斥在工薪阶层的耳旁，扰得人们寝食难安，消费水平提高、物价上涨、孩子上学问题、户口问题、买不起房子、买不起车、租个房子还要整天面对苛刻的房东……面对如此尴尬的处境，人们不禁感叹："这日子真的是没法儿过了。"

艰难的日子虽然让人焦头烂额，可是我们却没有办法选择别样的生活。既然改变不了，那么我们不如冷静地接受，认真地过好每一天，这样也许我们就会有很多意外的收获，生活也不会再让我们觉得痛苦了。

众所周知，王宝强是个在少林寺里拳来脚往生活了六年的孩子，因为克制不住内心梦想之火的燃烧，就决定出少林"闯荡江湖"了。他从少林寺伙房师傅的口中得知很多师兄弟都去了北京做武打替身，可以拍电影，还可以和很多大明星接触……他被外面五彩缤纷的生活吸引，也被心中的梦想牵引，于是王宝强来到北京，开始了所谓的"北漂生活"。

实际上，我们可以想象得到，像王宝强这样没有什么学历和文凭的人，在"北漂"中注定是不能气定神闲的。他曾经自己回忆："那个时候住排房，屋子很小，夏天非常拥挤，五六个师兄弟挤在一个炕上。不过房租很便宜，一个月 100 块钱，每个人每月也就 20 块钱的租金。"可是，就算你空有一身好武功，也要有戏演才能维持生活。而实际上，只凭当替身的那点儿拳脚费，几乎无法维持生活。于是，那个时候的王宝强，几乎是"替身和民工"并存。

生活的艰难并没有动摇王宝强的信念，不管生活多难，他都咬紧牙关坚持着。接下去的两年里，他忽然和家里失去了联系。在一次访谈中，王宝强的哥哥说："他到了北京后，就和家里失去了联系，信也没有，电话也没有，差不多将近两年的时间，我

妈妈想他都快得病了。他忽然有一天打电话回来，说自己得了大奖，开始我们都还不信呢……"

王宝强的确曾经和家里失去联系，他说："那个时候没有钱，就是没钱打电话。""而且也不想打，没混出来个人样，觉得没法儿跟家里交代，没脸和家里人说。"就在那样孤独、艰难的岁月里，王宝强一面做"武替"，一面做民工，才勉强维持了自己的生活。有时候"武替"一天有几十块钱，有时候就只有一顿盒饭，可是即便这样，王宝强也觉得挺好的，来了北京，能吃饱，还能长见识。

很多师兄都劝他："宝强，咱回去吧。你说咱们武功也一般，长得也不好，还没什么文化，哪有导演愿意要咱们这样的呀。不是每个人都有李连杰那样的好运气的。"可是，倔强的王宝强就是不肯认输，抱定了"再难也要坚持下去"的信念，坚决要留在北京打拼。记得蒲松龄曾经写过这样的落第自勉联："有志者，事竟成，破釜沉舟，百二秦关终属楚；苦心人，天不负，卧薪尝胆，三千越甲可吞吴。"不知道是不是因为他"愚公移山"的精神感动了上帝，好运终于降临了。

李扬导演相中了他，电影《盲井》中的优秀表演让他一举成名，并荣获了当年金马奖最佳新人奖。随后，冯小刚导演找到了他，他和中国最优秀的几个一线大明星、众多影帝影后加盟《天下无贼》。那个憨厚的"傻根"让人们一下子记住了他的名字。王宝强的星途从此一帆风顺。

很多人认为王宝强之所以能越来越好，是因为他太幸运了。可是王宝强却说："我并不是幸运的一个，能够有今天的成绩，是因为我一直没有放弃，尽管日子很难过，但是我一直在认真过好每一天。"

尽管在生活中，我们每个人都会遇到各种各样的磨难和考验，只有能够认真地过日子的人，才能在最后的关头突破自己，创造生活的奇迹。其实，生活中给予我们每个人的机会都是相同的，越是艰难的岁月，就越能给我们提供进步的空间。所以，不要总是抱怨日子不好过，只要我们坚持，认真地过好每一天，我们就能抓住希望。

情绪低落时不妨假装一下快乐

很多人都有这样的体会：当我们在做一些有兴趣也很令人兴奋的事情时，很少会感到疲劳。因此，克服疲劳和烦闷的一个重要方法就假装自己已经很快乐。如果你"假装"对工作有兴趣，一点点假装就可以使你的兴趣成真，也可以减少你的疲劳、紧张和忧虑。

有一天晚上，艾丽丝回到家里，觉得精疲力竭，一副疲倦不堪的样子。她疲倦得不想吃饭就要上床睡觉，她的母亲再三地劝她……她才坐在饭桌前。电话铃响了。是她的男朋友打来的，请她出去跳舞，她的眼睛亮了起来，精神也来了，她冲上楼，穿上她那件天蓝色的洋装，一直跳舞到凌晨3点钟。最后等她回到家里的时候，却一点儿也不疲倦，事实上还兴奋得睡不着觉呢。

在8个小时以前，艾丽丝的表情和动作，看起来都精疲力竭的，她是否真的那么疲劳呢？的确，她之所以觉得疲劳是因为她觉得工作使她很烦，甚至对她的生活都觉得很烦。

世界上不知道有多少人像艾丽丝这样的人，你也许就是其中之一。

一个人由于心理因素的影响，通常比肉体劳动更容易觉得疲劳。约瑟夫·巴马克博士曾在《心理学学报》上有一篇论文，谈到他的一些实验，证明了烦闷会产生疲劳。巴马克博士让一大群学生做了一连串的实验，他知道这些实验都是他们没有什么兴趣

别让人生输给了心情

的。其结果呢？所有的学生都觉得很疲倦，打瞌睡、头痛、眼睛疲劳、很容易发脾气，甚至还有几个人觉得胃很不舒服。所有这些都是"想象来的"吗？

不是的，这些学生做过新陈代谢的实验。由试验的结果发现，一个人感觉烦闷的时候，他身体的血压和氧化作用，实际上会减慢。而一旦这个人觉得他的工作有趣的时候，整个新陈代谢作用就会立刻加速。

心理学家布勒认为，造成一个人疲劳感的主要原因是心理上的烦恼。

加拿大明尼那不列斯农工储蓄银行的总裁金曼先生对此是深有体会。在1943年7月，加拿大政府要求加拿大阿尔卑斯登山俱乐部协助威尔斯军团做登山训练，金曼先生就是被选来训练这些士兵的教练之一。他和 42 岁到 59 岁不等的教练带着那些年轻的士兵，长途跋涉过很多冰河和雪地，还用绳索和一些很小的登山设备爬上 40 英尺高的悬崖。他们在加拿大洛杉矶的小月河山谷里爬上百米高峰、副总统峰和很多其他没有名字的山峰，经过 15 个小时的登山活动之后，那些健壮的年轻人完全都精疲力竭了。

他们感到疲劳，是否因为他们军事训练时，肌肉没有训练得很结实呢？任何一个接受过严格军事训练的人对这种荒谬的问题都一定会嗤之以鼻。不是的，他们之所以会这样精疲力竭，是因为他们对登山这项运动觉得很烦。他们中很多人疲倦得不等到吃过晚饭就睡着了。可是那些年岁比士兵要大两三倍的教练们是否疲倦呢？不错，他们没有精疲力竭。那些教练们吃过晚饭后，还坐在那里聊了几个钟头，谈他们这一天的事情。他们之所以不会疲倦到精疲力竭的地步，是因为他们对这件事情感兴趣。

耶鲁大学的杜拉克博士在主持一些有关疲劳的实验时，用那些年轻人经常保持感兴趣的方法，使他们维持清醒差不多达一星期之久。在经过很多次的调查之后，杜拉克博士表示"工作效率降低的唯一真正原因就是烦闷"。

因此，经常保持内心愉悦是抵抗疲劳和忧虑的最佳良方。在这里，请记住布勒博士的话："保持轻松的心态，我们的疲劳通常不是由于工作，而是由于忧虑、紧张和不快。"如果你此刻不快乐，会导致身体更加疲劳，情绪也就更加低落，因此，此时不妨假装一下自己是快乐的，当你的心理产生快乐的愿望时，身体也会跟着调整到快乐时的状态，从而形成良性的循环。

冬天里会有绿意，绝境中也会有生机

我们知道，事情的发展往往具有两面性，犹如每一枚硬币总有正反面一样，失败的背后可能是成功，危机的背后也有转机。

1974年，第一次石油危机引发经济衰退时，世界运输业普遍不景气，当时美国的特德·阿里森家族却收购了一艘邮轮，成立嘉年华邮轮公司，后来这家公司成为世界上最大的超级豪华邮轮公司；世界最大的钢铁集团米塔尔公司，在20世纪90年代末，世界钢铁行业不景气的时候，进行了首次大规模兼并，然后迅速扩张起来。所以说，危机中有商机，挑战中有机遇，艰难的经济发展阶段对企业来说是充满机会的，对企业如此，对个人、对民族、对国家也是如此。

2008年经济危机爆发后，美国很多商业机构和场所顿时萧条了，酒吧的生意却悄悄地红火起来。原来，精明的酒商们发现美国人越来越喜欢喝战前禁酒令时期以及大萧条时期的酒品，比如由白兰地、橘味酒和柠檬汁调制成的赛德卡鸡尾酒。酒商们迅速嗅出了新商机，推出了一款改进的老牌鸡尾酒。美国一个酒业资深人士指出，人们在困难时期，往往会从熟悉的东西那里寻求安慰，老式鸡尾酒自然而然会走俏。这种酒品，不仅让酒商们大赚了一笔，而且还能使疲于应对经济危机的美国人民得到慰藉。

"危中有机，化危为机。"一些中外专家认为，如果危机处置得当，金融风暴也有可能成为个人、企业或国家迅速发展的机遇。所以，冬天里会有绿意，绝境里也会有生机。

危机之下，谁都不希望面临绝境，但绝境意外来临时，我们挡也挡不住，与其怨天尤人，还不如奋力一搏，说不定，还会创造一个奇迹。

有人说过这样一句话："瀑布之所以能在绝处创造奇观，是因为它有绝处求生的勇气和智慧。"其实我们每个人都像瀑布一样，在平静的溪谷中流淌时，波澜不惊，看不出蕴涵着多大的力量，往往当我们身处绝境时，才能将这种力量开发出来。

下面是一个在绝境里求生存的真实故事：

第二次世界大战期间，有位苏联士兵驾驶一辆苏 H 正式重型坦克，非常勇猛，一马当先地冲入了德军的心腹重地。这一下虽然把敌军打得抱头鼠窜，但他自己渐渐脱离了大部队。

就在这时，突然"轰隆"一声，他的坦克陷入了德军阵地中的一条防坦克深沟之中，顿时熄了火，动弹不得。

这时，德军纷纷围了上来，大喊着："俄国佬，投降吧！"

刚刚还在战场上咆哮的重型坦克，一下子变成了敌人的瓮中之物。

苏联士兵宁死也不肯投降，但是现实一点儿也不容乐观，他

别让人生输给了心情

正处于束手待毙的绝境中。

突然，苏军的坦克里传出了"砰砰砰"的几声枪响，接着就是死一般的沉寂。看来苏联士兵在坦克中自杀了。

德军很高兴，就去弄了辆坦克来拉苏军的坦克，想把它拖回自己的堡垒。可是德军这辆坦克吨位太轻，拉不动苏军的庞然大物，于是德军又弄了一辆坦克来拉。

两辆德军坦克拉着苏军坦克出了壕沟。突然，苏军的坦克发动起来，它没有被德军坦克拉走，反而拉走了德军的坦克。

德军惊惶失措，纷纷开枪射向苏军坦克，但子弹打在钢板上，只打出一个个浅浅的坑洼，奈何它不得。那两辆被拖走的德军坦克，因为目标近在咫尺，无法发挥火力，只好像被驯服的羔羊，乖乖地被拖到苏军阵地。

原来，苏联士兵并没有自杀，而是在那种绝境中，被逼得想出了一个绝妙的办法。他以静制动，后发制人，让德军坦克将他的坦克拖出深沟，然后凭着自身强劲的马力，反而俘虏了两辆德军坦克。

其实，每个人皆是如此，虽然我们的生活并不会时时面临枪林弹雨，但总有身处绝境的时候，每当此时，我们往往会产生爆发力，而正是这种爆发力将我们的力量激发出来了。所以，面临绝境的时候，不要灰心、不要气馁，更不要坐以待毙，勇往直前，无所畏惧，你我都可以"杀出一条血路"。

笑看天下几多愁

人生欢喜多少事，笑看天下几多愁。

我们从小就在做游戏，游戏的本身，就是在不断战胜挫折与失败中获取一种刺激与欢乐，假如没有挫折与失败，再好的游戏也会索然无味。"那就是一场游戏一场梦"，人生如梦，就如一场游戏，但我们作为其中的玩家，真的能像在现实的游戏中吗？人们玩游戏时的心态，是寻找快乐，是带着挑战的心情去面对游戏中的困难与挫折的，你面对强大的对手，不断地损伤受挫，但越是如此，你越发兴头十足。试想，倘若人们在生活中，也有这么一种积极向上的游戏心态，那么失败与挫折，也就不会显得那般沉重和压抑。既然如此，我们为何不能将挫折变成一种游戏呢？那样便会让痛苦沮丧的心态超然快活起来。二者其实并无差别，只是人们在游戏中身心放松，而在生活中过于紧张。于是，你可以体味游戏中面对和战胜挫折的欢乐。同样，只有你将生活中的挫折视为游戏，才会从中体味积极人生的快乐……

每个人的路都不一样，但命运对我们都是公平的，有所得必所有失，有痛苦也有快乐，就看你能不能咬定青山不放松，心往好处想。西方哲学家蓝姆·达斯讲过这样一个故事：

一个病入膏肓、仅剩数周生命的妇人，整天思考死亡的恐怖，心情坏到了极点。蓝姆·达斯去安慰她说："你是不是可以不要花那么多时间去想死，而把这些时间用来考虑如何快乐地度过剩

下的时间呢？”

他刚对妇人说时，妇人显得十分恼火，但当她看出蓝姆·达斯眼中的真诚时，便慢慢地领悟着他话中的诚意。“你说得对，我一直都在想着怎么死，完全忘了该怎么活了。”她略显高兴地说。

一个星期之后，那妇人还是去世了，她在死前充满感激地对蓝姆·达斯说：“这一个星期，我活得比前一阵子幸福多了。”

“苦乐无二境，迷悟非两心。”妇人学会了心往好处想，所以在离开人世前仍能感到一丝幸福，快乐地合上双眼；如果她仍像以前一样，一味地想着死，那只能是痛苦地离开人世。

心往好处想，不论何时，不论何事，只要仍在人间，就要心往好处想，天堂和地狱就在人心中。人可以没有名利、金钱，但必须拥有美好的心情。

看看下面童真无忌的画面，不知你想到了什么？

在一个春光明媚的日子，在阳光普照的公园里，许多小孩正在快乐地游戏，其中一个小女孩不知绊到了什么东西，突然摔倒了，并开始哭泣。这时，旁边有一个小男孩立即跑过来，别人都以为这个小男孩会伸手把摔倒的小女孩拉起来或安慰鼓励她站起来。但出乎意料的是，这个小男孩竟在哭泣着的小女孩身边也故意摔了一跤，同时一边看着小女孩一边笑个不停。泪流满面的小女孩看到这幅情景，也觉得十分可笑，于是破涕为笑，他俩滚在一起乐得非常开心。

将生活中的挫折和困难视为"游戏"，不是游戏人生，而是以积极的心态面对现实，去战胜挫折和困难。笑看忧愁，笑看人生，如此而已！

世上最美的，莫过于从泪水中挣脱出来的那个微笑

以欢乐面对人生，以宽容对待别人，以笑声战胜挫折，以信心面对困难，以欣赏的目光看待每一件事物。

1954年，当美国著名作家海明威上台接受诺贝尔文学奖时，他却谦虚地说道："得此奖项的人应该是那位美丽的丹麦女作家——嘉伦·碧森。"

海明威所说的这位丹麦女作家，就是曾经凭电影《走出非洲》获得好莱坞奥斯卡金像奖的女主人公。《走出非洲》这部电影的结尾，打上一行小小的英文字：嘉伦·碧森返回丹麦后成了一位女作家。

嘉伦·碧森（1885～1962）从非洲返回丹麦后，不但成为

一位享誉欧美文坛的女作家，而且在她去世 30 多年后，她和比她早出世 80 年的安徒生并列为丹麦的"文学国宝"。

嘉伦·碧森离开非洲的那一年，可以说是一个什么都没有的女人，有的只是一连串的厄运：她苦心经营了 18 年的咖啡园因长年亏本被拍卖了；她深爱的英国情人因飞机失事而毙命；她的婚姻早已破裂，前夫再婚；最后，连健康也被剥夺了，多年前从丈夫那里感染的梅毒发作了，医生告诉她，病情已经到了药物不能控制的阶段。

回到丹麦时，她可以说是身无分文，而且除了少女时代在艺术学院学过画画以外，无一技之长。她只好回到母亲那里，依赖母亲，她的心情简直是陷落到绝望的谷底。

在痛苦与低落的状况下，她鼓足了勇气，开始在童年老家伏案笔耕。一个黑暗的冬天过去了，她的第一本作品终于脱稿，是七篇诡异小说。

她的天分并没有立刻受到丹麦文学界的欣赏，有的人甚至认为，她故事中所描写的鬼魂，简直是颓废至极。

嘉伦·碧森在丹麦找不到出版商，便亲自把作品带到英国去，结果又碰了一鼻子灰。英国出版商很礼貌地回绝她："夫人，我们英国现在有那么多的优秀作家，为何要出版你的作品呢？"

嘉伦·碧森颓丧地回到丹麦。她的哥哥蓦然想起，曾经在一次旅途中认识了一位在当时颇有名气的美国女作家，毅然把妹妹的作品寄给她。事有凑巧，那位女作家的邻居正好是个出版商，出版商读完了嘉伦·碧森的作品后，大为赞赏地说："这么好的作品不出版实在是太可惜了。"

1943 年，嘉伦·碧森的第一本作品《七个歌德式的故事》终于在纽约出版，并一鸣惊人，不但好评如潮，还被《这月书俱乐部》选为该月之书。当消息传到丹麦时，丹麦记者才四处打听，这位在美国名噪一时的丹麦作家到底是谁？

嘉伦·碧森在她行将 50 岁那年，从绝望的黑暗深渊，一跃成为文学界的一颗闪亮的星星。此后，嘉伦·碧森的每一部新作都成为名著，原文都是用英文书写，先在纽约出版，然后再重渡北大西洋回到丹麦，以丹麦文出版。嘉伦·碧森在成名后说：在

命运最低潮的时刻，她和魔鬼做了个交易。她效仿歌德笔下的浮士德，把灵魂交给了魔鬼，作为承诺，让她把一生的经历都变成了故事。

嘉伦·碧森把自己一生的各种经历先经过一番过滤、浓缩，最后把精华部分放进她的故事里。她的故事大都发生在一百多年前，因为她认为，唯有这样，她才能得到最大的文学创作自由。熟悉嘉伦·碧森的读者，不难在其作品中看到她的影子。

嘉伦·碧森写作初期以 Isak Dinesen 为笔名，成名后才用回本名。Isak，犹太文是"大笑者"的意思。她之所以采用这笔名，也许是在暗示世人，以笑声面对残酷的命运。

嘉伦·碧森成为北大西洋两岸文学界的宠儿后，丹麦时下的年轻作家皆拜倒在她的文学裙下，把她当女王般看待。她 74 岁那年，第一次拜访纽约文艺界知名人士，包括赛珍珠和阿瑟·米勒皆慕名而来。嘉伦·碧森为她的文学也付出了很大的代价，梅毒给她带来极大的肉体痛苦，当梅毒侵入她的脊柱时，她常痛得在地上打滚儿。晚年时，她变得极其消瘦、衰弱，坐立行皆痛苦不堪。

嘉伦·碧森死时 77 岁，死亡证书上写的死因是：消瘦。正如她晚年所说的两句话："当我的肉体变得轻如鸿毛时，命运可以把我当作最轻微的东西抛弃掉。"

有的人喜欢以笑声面对困苦，有的人喜欢以埋怨面对不幸。既然笑也要过生活，哭也要过生活，为什么不能让自己过得快乐一点儿呢？

所以，无论遭遇多大的痛苦和不幸，你都要面带微笑，勇敢面对，让自己活得快乐一点儿，活得精彩一点儿！

用你的笑容去改变这个世界，别让这个世界改变了你的笑容

只有具备了淡然如云、微笑如花的人生态度，困境和不幸才能被锤炼成通向平安的阶梯。

人在什么时候最有魅力？就是在微笑的时候。一个积极向上的人，一个热爱生活的人，微笑是他显露最多的表情。

达·芬奇用蒙娜丽莎的微笑征服了整个世界，可见微笑是多么神奇。微笑的魅力无所不在，它可以美化我们的心灵，也可以让快乐无处不在，是它让这个世界充满友善与朝气。一个真心的微笑，不管是从眼睛看到的或从声音里听到的，都是一个很好的开端。

在人际交往中，我们需要微笑。微笑是一种令人愉快的表情，表达的是一种热情而积极的处世态度。微笑甚至可以创造财富，引领你走向成功。

几年前，在底特律的哥堡大厅举行了一次巨大的汽艇展览会，人们蜂拥而至，在展览会上人们可以选购各种船只，从小帆船到豪华的游艇都可以买到。

在汽艇展览会期间，一家汽艇厂有一宗巨大的生意跑掉了，而另一家汽艇厂却用微笑把顾客挽留了下来。

事情是这样的：一位富翁，他来到一艘展览的大船旁对站在他面前的推销员说："我想买艘汽船。"这对推销员来说，可是求之不得的好事。那位推销员很周到地接待了富翁，只是他脸上冷冰冰的，没有一丝笑容。

这位富翁看着这位推销员那没有笑容的脸，里面似乎藏有什么想法，然后走开了。

他继续参观，到了下一艘陈列的船前，这次他受到了一位年轻推销员的热情招待。这位推销员脸上始终挂满了欢迎的笑容，那微笑像太阳一样灿烂，使这位富翁有宾至如归的感觉，所以，他又一次说："我想买艘汽船。"

"没问题。"这位推销员脸上带着微笑答道，"我会为您介绍我们的产品。"

后来，这位富翁果然交了定金，并且对这位推销员说："我喜欢人们表现出一种他们非常喜欢我的样子，现在你已经用微笑给我表现出来了。在这次展览会上，你是唯一让我感到我是受欢迎的人。"

第二天这位富翁带着一张保付支票回来，购下了价值2000万美元的汽船。

不难看出，微笑就是无声的行动，一个人温和、亲切、洋溢着笑意，远比他穿着一套华丽、高档的衣服更引人注意，也更受人欢迎。因为微笑是一种宽容、一种接纳，它缩短了人与人之间的距离，使彼此之间心心相通。喜欢微笑着面对他人的人，往往更容易走入对方的天地。所以说，微笑是成功者的先锋。

现实生活中，许多人都意识到了服饰、仪容对自己社交、办事的重要，所以，临出门前，我们总是要对着镜子特意整理一番，看头发是否凌乱、领带是否平整、妆容是否恰到好处，唯恐因衣着的粗俗和妆饰的不雅而被人轻视。然而，我们也不能忽略另一种魅力，那就是微笑。其实，对于社交、办事来说，整理表情有时比整理服饰、妆容更重要。

说到这里，我们就不能不说到以微笑服务冠于全球的希尔顿旅馆。

希尔顿于1887年生于美国新墨西哥州。他的父亲去世的时候，只给年轻的希尔顿留下2000美元的遗产。希尔顿加上自己的3000美元，只身去得克萨斯州买下了他的第一家旅馆。当旅馆资产增加到5100万美元的时候，他欣喜而自豪地告诉了他的母亲。

但是，母亲淡然地说："依我看，你和从前根本没有什么两样，不同的只是你已把领带弄脏了一些而已。事实上，你必须把握比5100万美元更值钱的东西。除了对顾客诚实之外，还要想办法使每一个住进希尔顿旅馆的人住过了还想再来住，你要想一种简单、容易、不花本钱而行之可久的办法去吸引顾客。这样你的旅馆才有前途。"

希尔顿听后，苦苦思量母亲严肃的忠告：究竟什么"法宝"才具备母亲所指示的"一要简单，二要容易做，三要不花本钱财，四要行之可久"呢？终于希尔顿想出来了："这个法宝就是微笑。只有微笑具备这四大条件，也只有微笑能发挥如此大的作用！"于是希尔顿根据这一法宝订出了他经营旅馆的三大信条：辛勤、信心、眼光。他要求员工照此信条实践。他也要求员工，无论如何辛劳都必须对顾客保持微笑。他确信：微笑将有助于希尔顿旅馆世界性的发展。

事实上，希尔顿旅馆能从美国20世纪30年代的经济萧条中幸存下来，且领先进入繁荣时代，便证明了希尔顿判断的正确性。希尔顿在接下来的经营中也一直强调着他微笑服务的这一法宝。

每当希尔顿为旅馆充实一批现代化设备时，他就要来到旅馆，召集全体员工开会。"现在我们的旅馆已新添了第一流设备，你们觉得还必须配合一些什么第一流的东西使顾客更喜欢它呢？"员工回答之后，希尔顿会微笑地摇着头说："请你们想一想，如果旅馆里只有第一流的设备而没有第一流服务员的微笑，那些顾客会认为我们提供了他们最喜欢的东西吗？缺少服务员的微笑，正好比花园里失去了春天的太阳和春风。如果我是顾客，我宁愿住进那虽然只有残旧地毯，却处处见到微笑的旅馆，也不愿走进只有一流设备而不见微笑的地方……"

现在，希尔顿的资产已从5000美元发展到数十亿美元。希尔顿旅馆已经吞并了曾经号称为"旅馆大王"的纽约华尔道夫的奥斯托利亚旅馆，买下了号称为"旅馆之后"的纽约普拉萨旅馆。与此同时，他的名言："你今天对客人微笑了没有？"也在这些旅馆深处震荡开来。

微笑是希尔顿旅馆最宝贵的无形资产，也是它制胜的魅力所在。希尔顿的成功，就是从微笑服务开始的。不难看出，在生活中只有"微笑"的量是不够的，要努力提高"微笑"的质量，创造出属于我们现代人的高品位的"微笑服务"与"微笑文化"。

在真诚的微笑中，人们可以更多地感悟到生活中的真、善、美，也可以更深刻地体会到微笑者的人格魅力。人们都期待着更多的微笑，那么，我们怎样才能保持住自己的微笑呢？

第一，让那些能够给你带来轻松愉快的事情围绕着你。

第二，你要相信自己的微笑是世界上最美的微笑。

第三，尽量消除或减少一些负面消息对你的影响。了解世界上所发生的一些新闻是重要的，但不必要每天都是如此。

第四，在办公室里的显眼位置上，摆放假日里令你难忘的照片。因为照片可以使你从日常紧张的工作中得到片刻的休息。

别让人生输给了心情

第五，每天，在你的周围去努力寻找那些幽默和欢乐的事情。

第六，最为重要的一点就是要记住，微笑不是仅仅为了别人，更是为了自己。

走遍世界，微笑是通用的护照；走遍全球，阳光雨露般的微笑是你畅行无阻的通行证。一旦你学会了阳光灿烂般的微笑，你就会发现，你的生活从此会变得更加轻松，而人们也喜欢享受你那阳光灿烂般的微笑。

你对生活笑，生活就不会对你哭

生活犹如一面明镜，你对它笑，它就不会对你哭。

在生活中，我们每一个人快乐与否，不是取决于自己财富的多少、自己的美貌程度或是自己的地位如何等外在因素，而是取决于自己的心态这一内在因素。人们常说"好心态才有好人生"就是这个意思。一个人无论他多有钱，多美貌或地位有多高，如果他对生活哭丧着脸，那么生活也不会给他好脸色。

苏菲拥有一切。她有一个完美的家庭，住豪华公寓，从来不用为钱发愁。而且，她年轻、聪慧、漂亮。路易是她的朋友，路易觉得和苏菲一起外出是一件乐事。在餐厅里，路易会看到邻桌的男士频频向她注目，邻桌的女士为她而相互窃窃私语。有她的陪伴，路易感觉很棒。她让路易由衷地认为做男人真好。

不过，当所有闲聊终止的时候，这样一刻出现了：苏菲开始向路易讲述她悲惨的生活，她为减肥而跳的狐步舞，她为保持体形而做的努力，以至得了厌食症。路易简直不敢相信自己的耳朵！这位美丽的女士真实地、深切地认为自己胖而且丑，不值得任何人去爱。路易对她说，她也许弄错了。事实上，这世界上一半的人为了能拥有她那样的容貌，她那样的好运气和生活，宁愿付出任何代价。不，不，苏菲悲哀地挥着手说，她以前也听过类似的话。她知道这话只是出于礼貌，只是一种于事无补的慰藉。而路易越是试图证实她是一位幸运的女孩，她越是表示反对。苏菲对她生活的总结就是"糟透了"。

　　生活赐予我们的越多，我们就越觉得所有的一切都是理所当然。然后，我们对生活的期望值也就越高。想象一下苏菲生而拥有一切，金钱、容貌、智慧……但就因为身材这一小问题使她对生活的看法大变。而她应当知道：生活并不完美，而且生活从来也不必完美！只要想一想生活是多么风云变幻，我们就应该明白了。许多人都听过"超人"克里斯托夫·瑞维斯的故事。他曾经又高、又帅、又健壮、又知名、又富有。可是，一次，他不慎从马上跌落下来，摔断了脖子。从此，他就高位截瘫了。现在，他已经离开了这个世界。不过，瑞维斯和苏菲的不同在于：他感谢上帝让他保留了一条生命，使他可以去做一些真正有意义的事——为残疾人事业做努力。而苏菲则是为她腹部增加或减少了几毫米厚的脂肪或喜或悲着。两人之间的这个不同的产生说到底还是自己的心态问题。

　　卡耐基曾讲过这样一个故事：

别让人生输给了心情

　　塞尔玛陪伴丈夫驻扎在一个沙漠的陆军基地里，她丈夫奉命到沙漠去学习，她一人留在陆军的小铁皮房子里，天气热得受不了。即便在仙人掌的阴影下也是51摄氏度。那儿没有人与她聊天，只有墨西哥人和印第安人，而他们不会说英语。塞尔玛太难过了，就写信给父母，说要丢开一切回家去。而她父亲的回信只有两行字，但这两行字完全改变了她的生活：

　　两个人从牢中的铁窗望出去，

　　一个看到泥土，一个却看到星星。

　　塞尔玛一再地读这封信，觉得大受启发。她决定要在沙漠中找到"星星"。

　　于是，塞尔玛开始和当地人交朋友，他们热情而友善。塞尔玛对他们的纺织、陶器很有兴趣，他们就把最喜欢的、舍不得卖给游客的纺织品和陶器送给了她。塞尔玛研究那些引人入迷的仙人掌和各种沙漠植物，还学习有关土拨鼠的知识。她观看沙漠日落，甚至寻找到了海螺壳，要知道这些海螺壳是几万年前当这沙漠还是海洋时留下来的……最后，那原来难以忍受的环境变成了令塞尔玛兴奋、流连忘返的奇景。

那么，到底是什么使塞尔玛对生活的看法有了这么大的转变？

其实，沙漠没有改变，印第安人也没有改变，只是塞尔玛的心态改变了。一念之差，使她把原先认为恶劣的遭遇变为一生中最有意义的冒险。她为发现的新世界兴奋不已，并为此写了一本书，并将书以《快乐的城堡》为名出版了。我们可以说，她终于看到了自己的"星星"。

生活是属于自己的，我们为何不对之一笑？要知道，生活从来都是真实的、诚恳的，所以，我们不妨用自己的笑脸来换回生活的笑脸。

世上没有绝对不幸的人，只有不肯快乐的心

世上没有绝对不幸的人，只有不肯快乐的心。你必须掌控好自己的心舵，下达命令，来支配自己的命运。

在希腊神话中，西绪弗斯是仅次于俄狄浦斯王的悲剧人物。他触犯了众神，众神为了惩罚他，要求他把一块巨石推上山顶。由于那巨石太重了，每每未上山顶就又滚下山去，前功尽弃，于是他就不断重复、永无止境地做这件事。持续重复无效无望的劳

别让人生输给了心情

动确实是最严厉的惩罚了。

有一天，一位哲人遇见正在下山的西绪弗斯。他本能地想要逃避，因为他很怕见到这种身受大不幸的人，譬如说身患绝症的人，或刚死了亲人的人。因为对他们的不幸，他既不能有所表示，怕犯忌，又不能无所表示，怕显得没心没肺。正在犹豫之间，他瞥见西绪弗斯并不是一副愁眉苦脸的神态，而是吹着口哨，迈着轻盈的步伐，看上去无忧无虑。不过，哲人还是有些局促不安，不知道怎么和这样一个苦命的神祇打招呼。

没想到西绪弗斯先开口了，他举起手，满怀欢喜地对哲人说："喂，你瞧，我逮了一只漂亮的蝴蝶！"

哲人望着他渐渐远去的背影，不禁思忖：总有一些事情是宙斯的神威鞭长莫及的，那是一些太细小的事情，因此便有了西绪弗斯的幸福。

人生在世不如意事常八九，倘若我们把不如意的事情看成是自己构想的一篇小说，或是一场戏剧，自己就是那部作品中的一个主角，心情就会变好许多。一味地沉浸在不如意的忧愁中，只能使不如意变得更不如意。"宠辱不惊，看庭前花开花落；去留无意，望天空云卷云舒。"既然悲观于事无补，那我们何不用乐观的态度来对待人生呢？

用乐观的态度面对人生，可看到"青草池边处处花""百鸟枝头唱春山"，用悲观的态度面对人生，举目皆是"黄梅时节家家雨"，低眉即听"风过芭蕉雨滴残"。譬如打开窗户看夜空，有的人看到的是星光璀璨，夜空明媚；有的人看到的是黑暗一片。一个心态正常的人可在茫茫的夜空中读出星光的灿烂，增强自己对生活的信心，一个心态不正常的人让黑暗埋葬了自己且越葬越深。

悲观使人生的路愈走愈窄，乐观使人生的路愈走愈宽，选择乐观的态度对待人生是一种机智。悲观在寻常的日子里随处可以找到，而乐观则需要努力，需要智慧，才能使自己保持一种人生处处充满生机的心境。在诸多无奈的人生里，仰望夜空看到的是闪烁的星斗；俯视大地，大地是绿了又黄，黄了又绿的美景……这种乐观是坚忍不拔的毅力支撑起来的一种风景。

在迪河河畔，住着一个磨坊主，据说他是英格兰最快活的人。这一带的人都喜欢谈论他。终于，烦恼的国王想见他一面。

"我要去找这个奇异的磨坊主谈谈，也许他能告诉我怎样才能快乐。"国王刚到磨坊，磨坊主就对他说："我不羡慕任何人，因为我要多快乐就有多快乐。"

国王说："我十分羡慕你，我的朋友，只要我能像你那样无忧无虑，我愿意和你换个位置。"

磨坊主笑了，对国王说："我肯定不和您调换位置，陛下。"

"是什么使你在这个满是灰尘的磨坊里如此快乐呢？而我，身为国王，却每天忧心忡忡，烦闷苦恼？"

磨坊主笑着说："我不知道你为什么忧郁，但是我能简单地告诉你，我为什么快乐。我爱我的妻子和孩子，我爱我的朋友们，他们也爱我。我自食其力，不欠任何人的钱。我为什么不应该快乐呢？而且，这条迪河，使我的水磨运转，水磨每天把谷物磨成面粉，养育我的妻子、孩子和我。"

"不要再说了。"国王说，"我羡慕你，你这顶落满粉尘的帽子比我这顶王冠更有价值。你的磨坊给你带来的快乐要比我的王国给我带来的还多。如果人们都像你这样，这个世界该是多么美好！"

每个人都有这样一种体验：心情舒畅，喝一杯清茶，也觉得神清气爽，非常愉快；有时山珍海味，但一怀愁绪，毫无快乐可言。所以，我们说，快乐绝不是某些人的专利，而是人所共有的一种心态，一种精神的体验。任何人只要脱离了每天为吃穿犯愁的困境，生活中总是有着无限乐趣和蓬勃生机的。过得快乐与否，就看你是否善于发现人生的美好，是否有一颗快乐的心。

拥有一颗快乐的心，对任何人来说都非常重要。小孩子拥有一颗快乐的心，就能积极进取，天天向上，健康成长；年轻人拥有一颗快乐的心，就能克服困难，勇往直前，事业有成；老年人拥有一颗快乐的心，就能看淡人间烟火，健康长寿，颐养晚年。

一个人，只要拥有一颗快乐的心，在生活中就能克服困难，就能坦然面对逆境，就不会轻言失败，人生就会出现许多快乐。

快乐的人，往往是一些永远快乐且充满希望的人们。他无论遇到什么情况，脸上总是带着微笑，心平气和地接受人生的变故和挫折，这就是乐观的生活态度。乐观对人就像是太阳对植物一

样重要，乐观就是人心中的太阳。

　　一群因地震被埋在废墟下的人们，各人的心态决定了他们是否能在困境中顽强地生存下去。那些将困境视为绝境的人因为意志崩溃而导致身体能量系统不能有效地工作，身体各个机能逐渐丧失。在缺少水和食物的情况下，这将是把他们推向死亡的死神之手。而那些意志坚强，坚信光明终究到来的人，体内会制造出永不枯竭的生命能量，帮助他们渡过难关。

　　这就是乐观给人们提供的力量，它大到足以支撑整个生命。雨果说："比海洋更广阔的是天空，比天空更广阔的心灵。"要使你的心灵保持宁静与和谐，不被一些琐事笼罩，就要用智慧之泉来灌溉。

　　拥有一颗快乐的心关键是要有一个乐观豁达、积极向上的心态。困难面前，从容不迫，把困难视为机遇，把困难作为挑战，

别让人生输给了心情

坚信困难是暂时的,并快乐地去积极应战,面对逆境,不灰心丧气,把逆境看作是自己人生中最重要的一段经历,把逆境作为磨炼自己意志的重要场所,坚信逆境是暂时的,并快乐地去应对一切,面对失败,不心灰意冷,把失败看作是还没有成功,把失败作为自己人生的考验,坚信失败是暂时的,并快乐地去奋力拼搏。

快乐不快乐,完全取决于你

想改变整个世界,很难;而改变自己的思维,则较为容易。换个角度,人生海阔天空。快乐也是如此,完全取决你的态度。

很久很久以前,人类还赤着双脚走路。

有一位国王到某个乡村巡视,路面的碎石头刺得他的脚又痛又麻。

于是,他下了一道命令,要将国内的所有道路都铺上一层牛皮。他认为这样能让所有人走路时不再痛苦。

但即使杀尽国内所有的牛,也根本做不到。

一位聪明的仆人向国王建议:"陛下啊!为什么您要杀那么多头牛,花那么多钱呢?您何不只用两小片牛皮包住您的脚呢?"

国王听了,茅塞顿开,于是立刻收回成命,改用这个建议。

据说,这就是皮鞋的由来。

尽管是一国之王,但想改变整个世界,很难;而改变自己的思维,则较为容易。换个角度,人生海阔天空。

有两个旅游观光团到日本伊豆半岛旅游,路面很糟糕,到处

坑坑洼洼，都是洞。

其中一位导游连声抱歉，说路面简直像麻子一样。

而另一个导游却诗意盎然地对游客说："各位，我们现在走的这条道路，正是赫赫有名的伊豆迷人酒窝大道。"

游客们不由地会心地微笑。

虽是同样的情况，然而不同的意念，就会产生不同的态度。思想是何等奇妙的事，如何去想，决定权在你。

事情就是这么简单，同样的问题，从不同的角度去看，就会有截然相反的效果。

同样，从不同的角度看人生，就会有不同的结果和心情。明白了这个道理，你的人生怎能不快乐？

在现实生活中，我们往往习惯于以自己既定的思维方式推出结论。其实，很多事情，换个角度，也许结果就会不同。只有敢于冲破传统行为的束缚，我们才可以创造新的生活，带来新的视野。

不小心将手提包丢了，损失了一个月的工资。不要埋怨自己，你应该想，幸好没把买房子的钱放在提包里面。

你回到家，家里乱七八糟的，你不应该责怪家人。你一边收拾东西一边想，整天坐办公室，难得有这样锻炼身体的机会啊！家人看到收拾好的房屋后，是不是也对你赞赏有加，家庭也变得和美融洽了？

如果你换个角度去看生活，是不是生活也变得非常快乐了呢？

在最深的绝望里，遇见最美丽的风景

所谓绝境，不过是成功前的一个热身、蹲下身、屈起臂膀、起跳……这一个个动作，都是为最后那完美的冲刺所做的精心准备。因此，不管你现在顺利与否、灰心与否，让我们共同记住：天无绝人之路，更无绝人之境。面对人生接踵而至的绝境，要坚定地告诉自己：我一定能在最深的绝望里，遇见最美丽的惊喜。

当你被命运无情捉弄，当你的生活一无所有，当你失去亲人和朋友，当你的肢体变得残缺，请不要绝望，因为你还有人最宝贵的东西——生命。所以就算遭受了多么大的打击，也不要放弃活下去的念头，每个人都是造物主的杰作，父母赐予我们生命，我们就该好好珍惜。看看那些为了生存苦苦挣扎的人，他们都在为生存而努力勇敢地走下去。

跌倒了爬起来继续往前走，放弃堕落和脆弱，只要活着，就有希望。

　　也许你以为自己深陷绝路，你认为所有的努力都是徒劳的，其实，再坚持一会儿，再试一下，就有可能看到胜利的曙光。很多时候，打败你的不是对手，也不是外部的环境，而是你自己的脆弱。并不是生活把你逼上了绝路，而是你自己把自己拉向了深渊。不管身处什么样的境地，都不要用绝望代替希望，只要有希望与你同在，总会出现柳暗花明又一村的转机。

　　相信自己没有什么不能做到，如果抱着巨大的热情和坚强的意志去改变现实，你就能掌控自己的命运。

　　只有多吃一点儿苦，才能磨炼出我们克服困难的勇气。只要我们有突破困境的信心，就不会惧怕黎明前的黑暗。只要我们能再坚持一下，再努力一回，迈出自己自信的步伐，完成这最后也是最关键的一步，我们就一定能进入成功的殿堂。

第七章

有些事没那么重要，
就随它去吧

智慧的人懂得适时放手

我们都有过这样的经历：

——亲戚送了一盒上等绿茶，舍不得喝，放了很久，却没有想到保存不当，等拿出来喝时才发现受潮发霉了，只好万般不舍地扔掉。

——朋友送了一件质地良好的风衣，因为太喜爱而舍不得穿。等有一天舍得穿时，却发现自己的身材已变得臃肿，那件风衣自己竟然无法再穿上了。

——朋友出差时送了一盒当地特产的糕点，舍不得吃，待下决心将它"消灭"掉时，却发现早已过了保质期。

……

同样的道理，在我们或长或短的一生中，很多东西也是不能保存，而必须尽量享受的。只有宽心的人，懂得适时松手的人，才能真正体会到生命的快乐。

下面这个小故事就说明了这个道理。

从前，有个财主，他对自己地窖里珍藏的葡萄酒非常自豪——窖里保留着一坛只有他才知道的、特殊场合才能喝的陈酒。

州府的总督登门拜访。财主提醒自己："这坛酒不能仅仅为一个总督启封。"

地区主教来看他，他自忖道："不，不能开启那坛酒。他不懂这种酒的价值，酒香也飘不进他的鼻孔。"

王子来访，和他同进晚餐。但他想："区区一个王子喝这种酒过分奢侈了。"

甚至在他亲侄子结婚那天，他还对自己说："不行，接待这种客人，不能拿出这坛酒。"

一年又一年，财主死了。

下葬那天，那坛陈酒和其他酒一起被搬了出来，左邻右舍的邻居把酒统统喝光了。但谁也不知道这坛陈年老酒的久远历史。

对他们来说，所有喝进肚子里的仅仅是酒而已。

在条件允许的情况下，我们应该尽量享受生活，没有必要像苦行僧似的，总是一味地苛待自己。懂得享受生活的人，比一般人更能感觉到生活的乐趣和人生的幸福。

想想你现在的追求，是否也是放弃了手中的一切，仅仅为了那坛普普通通的酒？

有的人喜欢贪图别人的财富，有的人明知道是自己的财富却选择了舍弃。贪图别人财富的人，必将在获得的同时付出更多的代价，而主动舍弃的人，却可能得到上苍加倍的馈赠。

保持一颗平常心，波澜不惊，生死不畏，于无声处听惊雷，超脱眼前得失，不受外在情感的纷扰，喜怒哀乐，收放自如，才能体会到"采菊东篱下，悠然见南山"的自在。

著名的钢琴大师鲁宾斯坦有一次送给朋友一盒上等雪茄，朋友表示要好好珍藏这一特别的礼物。"不，不要这样，你一定要享用他们，这种雪茄如人生一样，都是不能保存的，你要尽快享受它们。没有爱和不能享受人生，就没有快乐。"钢琴大师对朋友说。

钢琴大师的话寓含深奥的人生哲理，我们每个人都有必要读懂它，记住它，运用它。放手已有的东西，才能将新的东西握到手中。

错过花朵，你将收获雨滴

生活中有一种痛苦叫错过。人生中一些极美、极珍贵的东西，常常与我们失之交臂，这时，我们总会因为错过美好而感到遗憾和痛苦。其实喜欢一样东西不一定非要得到它，俗话说："得不到的东西永远是最好的。"当你为一份美好而心醉时，远远地欣赏它或许是最明智的选择，错过它或许还会给你带来意想不到的收获。

美国哈佛大学要在中国招一名学生，这名学生的所有费用由美国政府全额提供。初试结束了，有30名学生成为候选人。

考试结束后的第10天，是面试的日子。30名学生及其家长云集锦江饭店等待面试。当主考官劳伦斯·金出现在饭店的大厅时，一下子被大家围了起来，他们用流利的英语向他问候，有的

　　甚至还迫不及待地向他做自我介绍。这时，只有一名学生，由于起身晚了一步，没来得及围上去，等他想接近主考官时，主考官的周围已经是水泄不通了，根本没有插空而入的可能。

　　于是他错过了接近主考官的大好机会，他觉得自己也许已经错过了机会，于是有些懊丧起来。正在这时，他看见一个异国女人有些落寞地站在大厅一角，目光茫然地望着窗外，他想：身在异国的她是不是遇到了什么麻烦，不知自己能不能帮上忙？于是他走过去，彬彬有礼地和她打招呼，然后向她做了自我介绍，最后他问道："夫人，您有什么需要我帮助的吗？"接下来两个人聊得非常投机。

　　后来这名学生被劳伦斯·金选中了，在30名候选人中，他的成绩并不是最好的，而且面试之前他错过了跟主考官熟悉、加深自己在主考官心目中印象的最佳机会，他却"无心插柳柳成荫"。原来，那位异国女子正是劳伦斯·金的夫人。

这件事曾经引起很多人的震动：原来错过了美丽，收获的并不一定是遗憾，有时甚至可能是圆满。

许多的心情，可能只有经历过之后才会懂得，如感情，痛过了之后才会懂得如何保护自己，傻过了之后才会懂得适时的坚持与放弃。在得到与失去的过程中，我们慢慢地认识自己，其实生活并不需要这些无谓的执着，没有什么真的不能割舍的，学会放弃，生活会更容易！

因此，在你感觉到人生处于最困顿的时刻，也不要为错过而惋惜。失去的折磨会带给你意想不到的收获。花朵虽美，但毕竟有凋谢的一天，请不要再对花长叹了。因为可能在接下来的时间里，你将收获雨滴的温馨和细雨绵绵的浪漫。

勇于选择，果断放弃

生活中，左右为难的情形会时常出现：比如面对两份同时具有诱惑力的工作，两个同时具有诱惑力的追求者。为了得到其中"一半"，你必须放弃另外"一半"。若过多地权衡，患得患失，到头来将两手空空，一无所得。我们不必为此感到悲伤，能抓住人生"一半"的美好已经是很不容易的事情。

两个朋友一同去参观动物园。动物园非常大，他们的时间有限，不可能参观到所有动物。他们便约定：不走回头路，每到一处路口，选择其中一个方向前进。

第一个路口出现在眼前时，路标上写着一侧通往狮子园，一侧通往老虎山。他们琢磨了一下，选择了狮子园，因为狮子是"草原之王"。又到一处路口，分别通向熊猫馆和孔雀馆，他们选择了熊猫馆，熊猫是"国宝"……

他们一边走，一边选择。每选择一次，就放弃一次，遗憾一次。

因为时间不等人，如不这样做他们的遗憾将更多。只有迅速做出选择，才能减少遗憾，得到更多的收获。

面对选择和取舍时，必须要有理性、睿智和远见卓识，不可鼠目寸光，不可急功近利，更不可本末倒置，因小失大。选择不是一锤子的买卖，不能因为一粒芝麻丢了西瓜；不能因为留恋一棵小树而失去整片的森林。

很多时候，我们总是想选择这个的时候，却害怕错过那个，于是拿起来又放下，到最后一刻还在犹豫，这个会有这样的缺点，那个会有那样的不足，所以总迟迟下不了决心，或者选择之后，又来回地更改，在这样患得患失间耽搁了不少时间，浪费了不少精力。世界上没有一个十全十美的东西让你选择，每一样东西都会有它自身的弱点，所以，当你选择之后就大胆地往前走，而不是一步三回头，这在很大程度上影响了前进的进程。

而那些事业有成之士，总会在抉择之后一直走下去。

鲁迅在拯救人的灵魂和人的身体之间选择，成为一代文豪；迈克尔·乔丹放弃了棒球运动员的梦想，成为世界篮坛上最耀眼的"飞人"球员；帕瓦罗蒂放弃了教师职业，成为名扬世界的歌坛巨人……

有些选项看似诱人，但如果不适合自己，那就要果断舍弃。做出什么样的选择，要视自身条件和具体情况而定，要有主见，不能人云亦云。

人生的大多数时候，无论我们怎样审慎地选择，终归都不会是尽善尽美，总会留有缺憾，但缺憾本身也是一种美。

社会大舞台上，每个人都是自己生活和生存方式的编导兼演员。只有学会正确地进行选择，果敢地做出舍弃，才能演绎出精彩的人生喜剧。

紧紧攥住黑暗的人永远都看不到阳光

很多人都希望自己获得更多，却不愿意将自己已经获得的东西放手。可是生活常常是这样：如果不舍弃黑暗，就看不到阳光；如果不舍弃小的利益，就换不来更大的收入。

1984 年以前，青岛电冰箱厂生产的冰箱按产品质量分为一等品、二等品、三等品、等外品四类。原因就是在那个时候中国刚刚改革开放，物品缺乏造成市场非常好，只要产品还能用，就可以堂而皇之地送出厂门，而且绝对有市场，绝对卖得掉。就连等外品都能够销售得出去。实在卖不了的产品，就分配给一些员工

自用，或者送货上门半价卖掉。

然而，在 1985 年 4 月事情发生了改变。张瑞敏收到一封用户的投诉信，投诉海尔冰箱的质量问题。于是，张瑞敏到工厂仓库里去，把 400 多台冰箱全部做了检查之后，发现有 76 台冰箱不合格。为此，恼火的张瑞敏很快找到检查部，让他们看看这批冰箱怎么处理？他们说既然已经这样，就内部处理算了。因为以前出现这种情况都是这么办的，加之当时大多员工家里边都没有冰箱，即使有一些质量上的问题也不是不能用呀。张瑞敏说，如果这样的话，就是说还允许以后再生产这样的不合格冰箱。就这么办吧，你们检查部门搞一个劣质工作、劣质产品展览会。于是，他们搞了两个大展室，在展室里面摆放了那些劣质零部件和那76台不合格的冰箱，通知全厂职工都来参观。员工们参观完以后，张瑞敏把生产这些冰箱的责任者和中层领导留下，并且问他们怎么办。结果大多数人的意见还是比较一致，都是说内部处理了。

但是，张瑞敏却坚持这些冰箱必须就地销毁。他顺手拿了一把大锤，照着一台冰箱就砸了过去。然后把大锤交给了责任者，转眼之间，把76台冰箱全都砸烂了。

当时，在场的人一个一个的都流泪了。虽然一台冰箱当时才800多元钱，但是，员工每个月的工资才40多元钱，一台冰箱就是他们两年的工资！

通过这件事情以后，员工们树立起了一种观念，谁生产了不合格的产品，谁就是不合格的员工。一旦树立这种观念，员工们的生产责任心迅速增强，在每一个生产环节都不敢马虎，精心操作。"精细化，零缺陷"变成全体员工的工作目标，从而使企业奠定了扎实的质量管理基础。

经过4年的艰苦历程，也就是1988年12月，海尔获得了中国电冰箱市场的第一枚国内金牌，把冰箱做到了全国第一。

如果当年海尔人都攥着眼前的利益不放，不肯砸烂那些不合格的冰箱，那么，可能就不会有海尔集团日后的崛起，更不会有如今的声誉。可见，只有肯舍弃的人，才可能获得更多。那些紧紧攥着手里的东西不放的人，也只能是故步自封，得不到更好的发展。

今天的放弃，是为了明天的得到

生活就是这样，很多时候鱼和熊掌不可兼得。这就要求我们要懂得放弃，因为有"舍"才会有"得"，美国大财团洛克菲勒家族用实际行动给我们诠释了这一智慧。

第二次世界大战的硝烟刚刚散尽时，以美、英、法为首的战胜国首脑们几经磋商，决定在美国纽约成立一个协调处理世界事务的联合国。一切准备就绪后，大家才发现，这个全球至高无上、最权威的世界性组织，竟没有自己的立足之地。

买一块地皮，刚刚成立的联合国机构还身无分文。让世界各国筹资，牌子刚刚挂起，就要向世界各国搞经济摊派，负面影响太大。况且刚刚经历了战争的浩劫，各国政府都财库空虚，许多国家财政赤字居高不下，在寸土寸金的纽约筹资买下一块地皮，并不是一件容易的事情。联合国对此一筹莫展。

听到这一消息后，美国著名的家族财团洛克菲勒家族经商议，果断出资 870 万美元，在纽约买下一块地皮，将这块地皮无条件地赠予了这个刚刚挂牌的国际性组织——联合国。同时，洛克菲勒家族亦将毗邻的这块地皮全部买下。

对洛克菲勒家族的这一出人意料之举，美国许多大财团都吃惊不已。870 万美元，对于战后经济萎靡的美国和全世界，都是一笔不小的数目，而洛克菲勒家族却将它拱手赠出，并且什么条件也没有。这条消息传出后，美国许多财团主和地产商都纷纷嘲笑说："这简直是蠢人之举！"并纷纷断言："这样经营不要十年，著名的洛克菲勒家族财团，便会沦落为著名的洛克菲勒家族贫民集团！"

但出人意料的是，联合国大楼刚刚建成完工，毗邻地价便立刻飙升起来，相当于捐赠款数十倍、近百倍的巨额财富源源不断地涌进了洛克菲勒家族。这种结局，令那些曾经讥讽和嘲笑过洛克菲勒家族捐赠之举的财团和商人们目瞪口呆。

这是典型的"因舍而得"的例子。如果洛克菲勒家族没有做出"舍"的举动，勇于牺牲和放弃眼前的利益，就不可能有"得"的结果。放弃和得到永远是辩证统一的。然而，现实中许多人却执着于"得"，常常忘记了"舍"。要知道，什么都想得到的人，最终可能会为物所累，导致一无所获。

生活就是如此，如果你不可能什么都得到的时候，那么就应该学会舍弃，生活有时候会迫使你交出权力，不得不放走机会和恩惠。然而我们要知道，舍弃并不意味着失去，因为只有舍弃才会有另一种获得。

不舍弃鲜花的绚丽，就得不到果实的香甜

社会发展的速度很快，诱惑随之增多，很多人在诱惑面前停下了自己的脚步。面对层出不穷的诱惑，很多人忘记了自己的方向，在旋涡中纠缠不止、平庸一生。

其实，人生的"口袋"只能装载一定的重量，人的前进行程

就是一个不断舍弃的过程。没有舍弃，你就有可能被沉重的包袱滞留在前进的途中。

拉斐尔 11 岁那年，一有机会便去湖心岛钓鱼。在鲈鱼钓猎开禁前的一天傍晚，他和妈妈早早来钓鱼。装好诱饵后，他将渔线一次次甩向湖心，湖水在落日余晖下泛起一圈圈的涟漪。

忽然，钓竿的另一头沉重起来。他知道一定有大家伙上钩，急忙收起渔线。终于，拉斐尔小心翼翼地把一条竭力挣扎的鱼拉出水面。好大的鱼啊！它是一条鲈鱼。

月光下，鱼鳃一吐一纳地翕动着。妈妈打亮小电筒看看表，已是晚上 10 点——但距允许钓猎鲈鱼的时间还差两个小时。

"你得把它放回去，儿子。"母亲说。

"妈妈！"孩子哭了。

"还会有别的鱼的。"母亲安慰他。

"再没有这么大的鱼了。"孩子伤感不已。

他环视了四周，已看不到一个鱼艇或钓鱼的人，但他从母亲坚决的脸上知道无可更改。暗夜中，那条鲈鱼抖动着笨重的身躯慢慢游向湖水深处，渐渐消失了。

这是很多年前的事了，后来拉斐尔成为纽约市著名的建筑师了。他确实没再钓到那么大的鱼，但他为此终身感谢母亲。因为他通过自己的诚实、勤奋、守法，猎取到生活中的大鱼——事业上成绩斐然。

自然界是美丽的，人生也是绚丽的。在几十年的漫漫旅途中，

有山有水，有风有雨，有舍弃"绚丽"和"温馨"的烦恼，也有获得"香甜"和"明艳"的喜悦，人生就是在舍弃和获得的交替中得到升华，从而到达新的境界。从这个意义上来说，获得很美好，舍弃也很美丽。

人是有思维会说话的"万物之灵"，懂得生活中舍弃与获得的道理，必要的舍弃是为了更好地获得。

有人说，人生之难胜过逆水行舟，此话不假。人生在世界上，不如意的事情十之八九，获得和舍弃的矛盾时刻困扰着我们，明白了舍弃之道和获得之法，并运用于生活，我们就能从困难中解脱出来，在人生的道路上进退自如，豁达大度。

别让人生输给了心情

与其抱残守缺，不如断然放弃

我们常听到人们如此哀叹："要是……就好了！"这是一种明显的内疚、悔恨情绪，而我们每个人都会不时地发出这种哀叹。

悔恨不仅是对往事的关注，也是由于过去某件事产生的现时惰性。如果你由于自己过去的某种行为而到现在都无法积极生活，那便成了一种消极的悔恨了。吸取教训是一种健康有益的做法，也是我们每个人不断取得进步与发展的重要方法。悔恨是一种不健康的心理，它会白白浪费自己目前的精力。实际上，仅靠悔恨是无法解决任何问题的。

爱默生经常以愉快的方式来结束每一天。他告诫人们："时光一去不返，每天都应尽力做完该做的事。疏忽和荒唐事在所难免，要尽快忘掉它们。明天将是新的一天，应当重新开始，振作精神，不要使过去的错误成为未来的包袱。"

要成为一个快乐的人，重要的一点是学会将过去的错误、罪恶、过失通通忘记，努力向着未来的目标前进。

印度圣雄甘地在行驶的火车上，不小心把刚买的新鞋弄掉了一只，周围的人都为他惋惜。不料甘地立即把另一只鞋扔了，让人大吃一惊。甘地解释道："这一只鞋无论多么昂贵，对我来说也没有用了，如果有谁捡到一双鞋，说不定还能穿呢！"

显然，甘地的行为已有了价值判断：与其抱残守缺，不如断然放弃。我们都有过失去某种重要的东西的经历，且大都在心里留下了阴影。究其原因，就是我们并没有调整心态去面对失去，没有从心理上承认失去，总是沉湎于对已经不存在的东西的怀念。事实上，与其为失去的东西懊恼，不如正视现实，换一个角度想问题：也许你失去的，正是他人应该得到的。

卡耐基先生有一次曾造访希西监狱，他对狱中的囚犯看起来竟然很快乐感到惊讶。监狱长罗兹告诉卡耐基：犯人刚入狱时都认命地服刑，尽可能快乐地生活。有一位花匠囚犯在监狱里一边种着蔬菜、花草，还一边轻哼着歌呢！他哼唱的歌词是：

> 事实已经注定，事实已沿着一定的路线前进，
> 痛苦、悲伤并不能改变既定的情势，
> 也不能删减其中任何一段情节，
> 当然，眼泪也于事无补，它无法使你创造奇迹。
> 那么，让我们停止流无用的眼泪吧！
> 既然谁也无力使时光倒转，不如抬头往前看。

令人后悔的事情，在生活中经常出现。许多事情做了后悔，不做也后悔；许多人遇到了后悔，错过了更后悔；许多话说出来后悔，不说出来也后悔……人生没有回头路，也没有后悔药。过去的已经过去，你再无法重新设计。一味地后悔，会让你错过未来的美好时光，给未来的生活增添阴影。

只要你心无挂碍，什么都看得开、放得下，何愁没有快乐的

春莺在啼鸣，何愁没有快乐的泉溪在歌唱，何愁没有快乐的白云在飘荡，何愁没有快乐的鲜花在绽放！所以，放下就是快乐，不被过去纠缠，这才是豁达的人生。

要有计划地抛弃阻碍发展的一切

《荒漠甘泉》中说："我们一生最得意的几年，最宝贵的经历，最可夸的得胜，最有效的侍奉，常会被后来的软弱、失败、跌倒、灰心、冷淡、退缩等吞噬。"许多成大事业的人，往往结局都是如此。想起来也觉得可怕。虽然是事实，但并非无法避免。戈登说："要避免这种悲剧，只有一个稳妥的方法，那就是时时与神有新鲜的接触。"

有信仰的人，会把希望寄托于神。可是不管是有神论者还是无神论者，都可能会遇到这样的难题，就是曾经的记忆禁锢了自己的思想，以前积累的经验没有帮助我们进步，反而限制了我们朝着更好的方向发展。

古希腊的一位哲人在风烛残年之际，知道自己时日不多了，就想考验和点化一下他那位平时看来很不错的助手。他把助手叫到床前，说："我的蜡所剩不多了，得找另一根蜡接着点下去，你明白我的意思吗？"

"明白，"那位助手赶忙说，"您想让您的思想很好地传承下去……"

"可是，"哲人慢悠悠地说，"我需要一位最优秀的传承者，他不但要有相当的智慧，还必须有充分的信心和非凡的勇气……你帮我寻找一位好吗？"

"我一定竭尽全力。"

哲人笑了笑。

那位忠诚而勤奋的助手，不辞辛劳地通过各种渠道开始四处寻找。可他领来的所有人都被哲人一一婉言谢绝。一次，当那位助手再次无功而返时，病入膏肓的哲人硬撑着坐起来，说："真是辛苦你了，不过，你找来的那些人，其实都不如……"

"我一定加倍努力，"助手恳切地说，"找遍五湖四海，也要把最优秀的人选挖掘出来。"哲人笑笑，不再说话。

半年之后，哲人眼看就要告别人世，最优秀的人选还是没有眉目。助手非常惭愧："我真对不起您，令您失望了！"

"失望的是我，对不起的却是你自己，"哲人很失意地闭上眼睛，停顿了许久，才又不无哀怨地说，"本来，最优秀的就是你自己，只是你被自己蒙蔽了，不敢相信自己，才把自己给忽略、给丢失了……其实，每个人都是最优秀的，差别就在于如何认识自己、如何发掘和重用自己……"一代哲人就这样永远地离开了他曾经深切关注着的世界。

在生活中，有很多人会跟那位助手犯相同的错误。我们都习惯用过去的事情来评定自己，比如过去曾把一件事情做得很好，那么再次遇到同样的事情，就以为凭借原来的经验也可以做得很好；过去没尝试过的东西或者曾经失败的事物，再次面对的时候就觉得自己不行……过去的思维总是限制着我们重新认识自己，所以那些老经验并不一定总是有利于我们以后的发展。有利的，我们要发扬；不利的，我们就要大胆地摒弃。如果实在分不清什么是有益的，那么我们就应该及时把自己清零，每天都用一个崭新的自己与生活对接。

悬崖深谷处，撒手得重生

悬崖深谷得重生看似一种悖论，实际上却蕴涵着深刻的道理。"悬崖撒手"是一种姿态，美丽而轻盈。放手之后，心灵将获得一片自由飞翔的广袤天空，在瞬间释放与舒展。

行走于人世间，沟沟坎坎不可避免，事情的发展不会总是按照我们的主观想象进行，有时候，万事如意不过是一个美好的心愿罢了。一个人只有把一切受物理、环境影响的东西都放掉，才能够逍遥自在，万里行游而心中不留一念。

有个书生和未婚妻约好在某年某月某日结婚。但到了那一天，未婚妻却嫁给了别人，书生为此备受打击，一病不起。

这时，一位过路的僧人得知这个事情，就决定点化一下他。僧人来到他的床前，从怀中摸出一面镜子叫书生看。书生看到茫茫大海，一名遇害的女子一丝不挂地躺在海滩上。

路过一人，看了一眼，摇摇头走了。

又路过一人，将衣服脱下，给女尸盖上，走了。

再路过一人，过去挖个坑，小心翼翼地把尸体埋了。

书生正疑惑间，画面切换。书生看到自己的未婚妻，洞房花烛，被她的丈夫掀起了盖头。书生不明就里，就问僧人。

僧人解释说："那具海滩上的女尸就是你未婚妻的前世。你是第二个路过的人，曾给过她一件衣服。她今生和你相恋，只为还你一个情。但她最终要报答一生一世的人，是最后那个把她掩埋的人，那个人就是她现在的丈夫。"

书生听后，豁然开朗，病情也渐渐地好了。

书生之所以会病倒，是因为他不能承受这样的打击，也无法坦然地放下曾经的感情，但是前世的"因"造就今生的"果"，前世只有以衣遮身的恩情，今生也就只有短暂相恋的回报。书生放下了，也就解脱了，病自然也就好了。

适时地放开不仅是治病的良药，有时甚至还会成为救命的法宝。

从前，有一个人出门办事，他跋山涉水，好不辛苦。一次经过险峻的悬崖，一不小心掉到了深谷里去。此人眼看生命危在旦夕，

双手在空中攀抓，刚好抓住崖壁上枯树的老枝，总算保住了性命，但是人悬荡在半空中，上下不得，正在进退维谷、不知如何是好的时候，忽然看到慈悲的佛陀，站立在悬崖上慈祥地看着自己，此人如见救星一般，赶快求佛陀说："佛陀！求求您大发慈悲，救我吧！"

"我救你可以，但是你要听我的话，我才有办法救你上来。"佛陀慈祥地说。

"佛陀！到了这种地步，我怎敢不听你的话呢？随你说什么？我全都听你的。"

"好吧！那么请你把抓住树枝的手放下！"

此人一听，心想，把手一放，势必掉到万丈深坑，跌得粉身碎骨，哪里还保得住性命？因此更加抓紧树枝不放，佛陀看到此人执迷不悟，只好离去。

在英雄传奇与武侠故事中，我们常常看到这样的情景：集万千宠爱于一身的主角被逼到了悬崖边上，下面是湍急的流水，身后是凶悍的追兵，主角仰天一叹，回眸一笑，纵身一跃，与飞流激湍融为一体，令众人不由得扼腕叹息。但是，似乎所有的故事都没有摆脱这样的后续：崖壁上的一棵怪松，或崖下的一斛深潭，总会像母亲温暖的手掌一样，稳稳地将其托起，备受青睐的勇士们还往往能够在这常人到达不了的奇异之地意外发现千年宝藏或旷世秘籍。

有所舍得，才能有所收获，唯有能放下，才能真提起。放得下的人，不仅要放下自己，还要放下周遭所有的一切。放下也并非完全失去自我，而是指不再有对抗之心，也不再有舍不得，要随时随地对任何事物没有丝毫的牵挂或舍不得，能如此，才谈得上是自在，是解脱。

所谓回头是岸，岸貌似远在天涯。天涯远不远？不远。放下的时候，天涯就在面前。敢于放下，心里真正地放下，你会感到天地原来如此广阔，你会发现你的脚步是如此轻盈平稳，你的心房是如此安稳温馨。

明智的舍弃，是一个人进取的前提

两个贫苦的樵夫靠着上山捡柴糊口。有一天，他们在山里发现两大包棉花。俩人喜出望外，棉花的价格高过柴薪数倍，将这两包棉花卖掉，足可让家人一个月衣食无虑。于是俩人各自背了一包棉花，便欲赶路回家。走着走着，其中一名樵夫眼尖，看到山路边有一大捆布，走近细看，竟是上等的细麻布，足足有十多匹之多。他欣喜之余，和同伴商量，一同放下肩上的棉花，改背麻布回家。他的同伴却有不同的想法，认为自己背着棉花已走了一大段路，到了这里才丢下棉花，岂不枉费自己先前的辛苦，坚持不愿换麻布。先前发现麻布的樵夫屡劝同伴不听，只得自己竭尽所能，将麻布背起继续前行。又走了一段路后，背麻布的樵夫望见林中闪闪发光，待近前一看，地上竟然散落着数坛黄金，心想这下真的发财了，赶忙邀同伴放下肩头的麻布及棉花，改用挑柴的扁担来挑黄金。他的同伴仍是那套不愿丢下棉花以免枉费辛苦的想法，并且怀疑那些黄金不是真的，劝他不要白费力气，免得到头来空欢喜一场。发现黄金的樵夫只好自己挑了两坛黄金，和背棉花的伙伴相伴回家。

走到山下时，却奇怪地下了一场大雨，俩人在空旷处被淋了个湿透。更不幸的是，背棉花的樵夫肩上的大包棉花，吸饱了雨水，重得完全无法再背得动。那樵夫不得已只能丢下一路辛苦舍不得放弃的棉花，空着手和挑金的同伴回家了。

背棉花的樵夫看似失去了很多既得的利益，但实际上他的内心是轻松的，因为他原本就没失去什么。而另一个人虽然收获颇丰，实际上却给自己带来了不必要的负担。只有放弃眼前利益，才能获得长远利益——要想成功，就要学会放弃。为了更好的明天，放弃眼前的小利，只有勇于舍弃的人才是智慧的人。成功者永远是高瞻远瞩的。

两个不如意的年轻人，一起去拜望师父。"师父，我们在办公室被欺负，太痛苦了，求您开示，我们该不该辞掉工作？"师父闭着眼睛，半天才吐出五个字："不过一碗饭。"回到公司，一个人递上辞呈回家种田，另一个安然不动。日子真快，转眼十年过去了。回家种田的徒弟以现代方法经营，加上改良品种，居然成了农业专家；另一个留在公司的徒弟忍辱负重，努力学习，居然当了经理。

有一天，他们见面了。"奇怪，师父给我们同样'不过一碗饭'的五个字，我一听就懂了。不过一碗饭嘛，日子有什么难过？何必待在公司？所以辞职！"农业专家问另一个人："你当时为何没听师父的话呢？""我听了啊，"经理笑道，"师父说'不过一碗饭'，我想不过为了混碗饭吃，老板说什么是什么，少赌气，少计较就成了，师父不是这个意思吗？"两个人又去拜望师父，师父已经很老了，仍然闭着眼睛，半天才回答他们的疑问："不过一念间。"

明智的舍弃，是一个人进取、发展的前提。放弃是一种智慧，它不是毫无保留地向生活妥协，而是更深层面的进取。人生之路，是一条选择的路。我们时刻需要选择，选择放弃什么，坚守什么，只有学会放弃，才能真正获得。

抛弃重负，让生命之舟轻扬

一个背着大包裹的忧愁者，千里迢迢跑来拜访一位德高望重的哲人，他诉苦道："先生，我是那样的孤独、痛苦和寂寞，长期的跋涉使我疲倦到极点，我的鞋子破了，荆棘割破了双脚，手也受伤了，流血不止；嗓子因为长久的呼喊而喑哑……为什么我还不能找到心中的阳光？"

哲人问："你的大包裹里装的是什么？"忧愁者说："它对我可重要了。里面是我每一次跌倒时的痛苦，每一次受伤后的哭泣，每一次孤寂时的烦恼……靠了它，我才能走到您这儿来。"

于是，哲人带着忧愁者来到河边，他们坐船过了河。上岸后，哲人说："你扛着船赶路吧！""什么，扛着船赶路？"忧愁者很惊讶，"它那么沉，我扛得动吗？""是的，孩子，你扛不动它。"哲人微微一笑，说："过河时，船是有用的。但过了河，我们就要放下船赶路。否则，它会变成我们的包袱。痛苦、孤独、寂寞、灾难、眼泪，这些对人生都是有用的，它能使生命得到升华，但须臾不忘，就成了人生的包袱。放下它吧！孩子，生命不能太负重。"

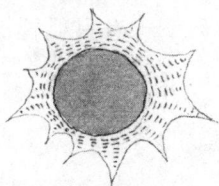

忧愁者放下包袱，继续赶路，他发觉自己的步子轻松而愉悦，比以前快得多。原来，生命是可以不必如此沉重的。

人生在世，当鱼和熊掌不能兼得的时候，继续为了"兼得"而不作舍弃，这就不是智者的行为。

有只狐狸被猎人用套夹夹住了一只爪子，它毫不迟疑地咬断了那只爪子，然后逃命。放弃一只爪子而保全了性命，这是狐狸的哲学。人生亦应如此，在生活强迫我们必须付出惨痛的代价以前，主动放弃局部利益而保全整体利益是最明智的选择。智者曰："两弊相衡取其轻，两利相权取其重。"这正是放弃的实质。

人生的目的不是面面俱到，不是多多益善，而是把已经掌握的东西得心应手地去运用，它跟宝剑一样，剑刃越薄越好，重量越轻越好。

一个带着过多包袱上路的人注定不会走得快，只有卸下身上的包袱才可能走得更快，我们总是让生命承载太多的负荷，这个舍不得丢掉，那个舍不得抛弃，最终被压弯腰的是我们自己。放下太多的虚荣，放下太多的功利，放下金钱的压力，为我们自己的肩膀减负。

精明者敢于放弃，聪明者乐于放弃，高明者善于放弃。人，其实天生就懂得放弃，但放弃并非盲目的，而是选择放弃，重在选择，其次在于放弃，不轻言放弃。而是放弃失落带来的痛楚，放弃屈辱留下的仇恨，放弃心中所有难言的负荷，放弃耗费精力的争吵，放弃没完没了的解释，放弃对权力的角逐，放弃对金钱的贪欲，放弃对虚名的争夺——放弃的是烦恼，摆脱的是纠缠，收获的就是快乐，拥有的就是充实。

放弃是为了更好地拥有。放弃是一种超脱、一种气度，更是一种升华、一种境界。

别让人生输给了心情

收获的代价就是学会放弃

一个人的精力总是有限的，然而人的欲望却是繁多的，什么都不愿意放弃的人，往往会被欲望冲昏了头脑。我们每个人都面临着很多的诱惑，不可能一切美好的事物都归自己所有。学会放弃的人，才能让自己过得更加轻松、自在。

有一个聪明的年轻人，很想在各个方面都比他身边的人强，他尤其想成为一名大学问家。可是，许多年过去了，他的其他方面都不错，学业却没有长进。他很苦恼，就去向一个大师求教。

大师说："我们登山吧，到山顶你就知道该如何做了。"

那山上有许多晶莹的小石头，煞是迷人。只要见到年轻人喜欢的石头，大师就让他装进袋子里背着，很快他就吃不消了。

"大师，再背，别说到山顶了，恐怕连动也不能动了。"他疑惑地望着大师。"是呀，那该怎么办呢？"大师微微一笑，"该放下，不放下背着石头怎么能登山呢？"大师笑了。

年轻人一愣，忽觉心中一亮，向大师道了谢，走了。之后他一心做学问，进步飞快……

经过大师的指点，年轻人心中顿悟，如果要把所有自己喜欢的东西悉数收入囊中，一旦遇到对自己最重要的东西，才发现自己已经无法承载。可见，要想人生取得更大的成就，就要学会舍得放弃一些对自己来说并不重要的。

如今，职场的竞争日益激烈。大学毕业后的小林进入公司工作已经五年了。虽说已经是部门经理，但是由于新技术、新产品不断出现，他经常会感到自己的知识结构老化，力不从心。尤其是最近新入职的员工都已经是研究生学历了，更增加了他的危机感。所以，他也打算读在职研究生提升自己的知识层次。然而，过了半年，他发现自己总是被各种各样的事情缠绕。工作之余，要么是有人约他出去唱歌，要么是各种各样的聚餐，再有就是出去旅游。总之，经常疲于应付这些事情，根本抽不出时间来集中精力学习。

时间一晃，又是一年过去了。小林冷静下来，认真审视了自己每天的日程安排，发现自己在无关紧要，甚至是毫无意义的事情上耗费了太多的时间和精力，反倒把应该用于学习的时间给占用了。这使小林下定决心，必须要改变现状，专心来应对学习。否则，就会一事无成。

时间是最公平的，每个人一天都是 24 小时。然而，在同样的时间内，每个人取得的成绩差异却很大。究其原因，对事情的取舍就是其中之一。每个人都可以尝试着把自己每天的日程表列出来，再看看在这些事情上所投入的时间和精力，很可能会让人大吃一惊。原来，自己竟然在一些毫无意义的事情上占用了如此多的时间。如果把这些宝贵的时间分配到重要的事情上来，我们可能会取得更好的成绩。这就给了我们一个启发，要放弃一些无关紧要的事情。这里的放弃是要有选择性、有目的性地放下一些事情，即所谓的舍得有方。

有舍才会有得。当你收获了价值更大、更为重要的成果时，你会明白收获的代价就是学会放弃。

放下是一种自由和觉悟

要想真正做到放下，不是一件容易的事情。放下是一种觉悟，更是一种自由。如果不懂得放下的艺术，我们难免会变得心胸狭隘。

两个和尚一起到山下化斋，途经一条小河，他们正要过河，忽然看见一个妇人站在河边发愣，原来妇人不知河的深浅，不敢轻易过河。年纪比较大的和尚立刻上前去，把那个妇人背过了河。两个和尚继续赶路，可是在路上，那个年纪较大的和尚一直被另一个和尚抱怨，说作为出家人，怎么背个妇人过河，甚至又说了一些不好听的话。年纪较大的和尚一直沉默着，最后他对同行的和尚说："你之所以到现在还喋喋不休，是因为你一直都没有在心中放下这件事，而我在放下妇人的同时也把这件事放下了，所以才不会像你一样烦恼。"

其实，生活中原本是有许多快乐的事，只是我辈常常自生烦恼，"空添许多愁"。许多事业有成的人常常有这样的感慨：事业小有成就，心里却空空的，好像拥有很多，又好像什么都没有。总是想成功后坐豪华游轮去环游世界，尽情享受一番。但真正成功了，却没有时间和心情去了却心愿，因为还有许多事情放不下……

对此，台湾作家吴淡如说得好："好像要到某种年纪，在拥有某些东西之后，你才能够悟到，你建构的人生像一栋华美的大厦，但只有硬件，里面水管失修，配备不足，墙壁剥落，又很难找出原因来整修，除非你把整栋房子拆掉。你又舍不得拆掉。那是一生的心血，拆掉了，所有的人会不知道你是谁，你也很可能会不知道自己是谁。"仔细体会这段话，我们不就是因为"舍不得"吗？

很多时候，我们舍不得放弃已经走出很远很远的路，舍不得放弃对权力与金钱的追逐……于是，我们只能用生命作为代价，透支健康与年华。但谁能算得出，在得到一些自认为珍贵的东西时，又有多少东西像沙子一样从指掌间溜走？我们也很少去思忖：掌中所握的生命沙子的数量是有限的，一旦失去，便再也捞不回来了。

快乐是佛家所说的那种境界，"要眠即眠，要坐即坐"，如果一个人茶饭不宁、百种需求、千般计较，自然谈不上是真正的放下，又如何去感受快乐呢？

第八章

路还很长，我还年轻，
一切归零

你是独一无二的，要告诉世界"我很重要"

多年以来，在我们的教育中，个人总是被否定的那一个：面对他人，我不重要，为了他人能获得快乐，只能牺牲我自己的快乐；面对我自己，我也不重要，这个世界上，少了我就如同少了一只蚂蚁，没有分量的我，又有什么重要？但是，作为独一无二的"我"，真的不重要吗？不，绝不是这样，"我"很重要。

当我们对自己说出"我很重要"这句话的时候，"我"的心灵一下子充盈了。是的，"我"很重要。

"我"是由无数星辰日月草木山川的精华汇聚而成的。只要计算一下我们一生吃进去多少谷物，饮下了多少清水，才凝聚成这么一具完美的躯体，我们一定会为那数字的庞大而惊讶。世界付出了这么多才塑造了这么一个"我"，难道"我"不重要吗？

你所做的事，别人不一定做得来；而且，你之所以为你，必定是有一些相当特殊的地方——我们姑且称之为特质吧！而这些特质又是别人无法模仿的。

既然别人无法完全模仿你，也不一定做得来你能做得了的事，试想，他们怎么可能给你更好的意见？他们又怎能取代你的位置，

别让人生输给了心情

来替你做些什么呢？所以，这时你不相信自己，又有谁可以相信？

况且，每个来到这个世上的人，都是上帝赐给人类的恩宠，上帝造人时即已赋予了每个人与众不同的特质，所以每个人都会以独特的方式来与他人互动，进而感动别人。要是你不相信的话，不妨想想：有谁的基因会和你完全相同？有谁的个性会和你一毫不差？

由此，我们相信：你有权活在这世上，而你存在于这世上的价值，是别人无法取代的。

不过，有时候别人（或者是整个大环境）会怀疑我们的价值，时间一长，连我们都会对自己的重要性感到怀疑。请你千万不要让这类事情发生在你身上。

记住！你有权力去相信自己很重要。

"我很重要。没有人能替代我，就像我不能替代别人。我很重要。"

生活就是这样的，无论是有意还是无意，我们都要发挥出对自己的信心。不要总是拿自己的短处去对比人家的长处，却忽视了自己也有人所不及的地方。自卑是心灵的腐蚀剂，自信却是心灵的发电机。所以我们无论身处何境，都不要让自卑的冰雪侵占心灵，而应燃烧自信的火炬，始终相信自己是最优秀的，这样才能调动生命的潜能，去创造无限美好的生活。

也许我们的地位卑微，也许我们的身份渺小，但这丝毫不意味着我们不重要。重要并不是伟大的同义词，它是心灵对生命的允诺。人们常常从成就事业的角度，断定自己是否重要。但这并不应该成为标准，只要我们在时刻努力着，为光明在奋斗着，我们就是无比重要地存在着，不可替代地存在着。

让我们昂起头，对着我们这颗美丽的星球上无数的生灵，响亮地宣布：我很重要。

面对这么重要的自己，我们有什么理由不去爱自己呢！

走自己的路，让别人说去吧

哲人们常把人生比作路，是路，就注定有崎岖不平。

1929 年，美国芝加哥发生了一件震动全国教育界的大事。

几年前，一个年轻人半工半读地从耶鲁大学毕业，他曾做过作家、伐木工人、家庭教师和卖成衣的售货员。经过了八年时间，他就被任命为全美国第四大名校的芝加哥大学的校长，他就是罗勃·郝金斯，只有 30 岁，真叫人难以置信。

人们对他的批评就像山崩落石一样一齐打在这位"神童"的头上，说他太年轻了、经验不够、教育观念很不成熟，甚至各大报纸也参加了攻击。

在罗勃·郝金斯就任的那一天，有一个朋友对他的父亲说："今天早上，我看见报上的社论攻击你的儿子，真把我吓坏了。"

"不错，"郝金斯的父亲回答说，"话说得很凶。可是请记住，从来没有人会踢一只死狗。"

曾有一个美国人，被人骂作"伪君子""骗子""比谋杀犯好不了多少"……曾经有一幅刊在报纸上的漫画，画中的他正伏在断头台上，一把大刀正要切下他的脑袋，街上的人群都在嘘他。他是谁？他是乔治·华盛顿。

耶鲁大学的前校长德怀特曾说："如果此人当选美国总统，我们的国家将会合法卖淫，行为可鄙，是非不分，不再敬天爱人。"听起来这似乎是在骂希特勒吧？可是他谩骂的对象竟是杰弗逊总统，就是撰写《独立宣言》、被赞美为民主先驱的杰弗逊总统。

可见，没有谁的路永远是一马平川的。为他人所左右而失去自己方向的人，他将无法抵达属于自己的幸福所在。

真正成功的人生，不在于成就的大小，而在于是否努力地去实现自我，喊出属于自己的声音，走出属于自己的道路。

一名中文系的学生苦心撰写了一篇小说，请作家批评。因为作家正患眼疾，学生便将作品读给作家。读到最后一个字，学生停顿下来。作家问道："结束了吗？"听语气似乎意犹未尽，渴望下文。这一追问，煽起学生的激情，立刻灵感喷发，马上接续道："没有啊，下部分更精彩。"他以自己都难以置信的构思叙述下去。

到达一个段落，作家又似乎难以割舍地问："结束了吗？"

小说一定摄魂勾魄，叫人欲罢不能！学生更兴奋，更激昂，更富于创作激情。他不可遏止地一而再再而三地接续、接续……最后，电话铃声骤然响起，打断了学生的思绪。

电话找作家，急事。作家匆匆准备出门。"那么，没读完的小说呢？""其实你的小说早该收笔，在我第一次询问你是否结束的时候，就应该结束。何必画蛇添足、狗尾续貂？该停则止，看来，你还没把握情节脉络，尤其是缺少决断。决断是当作家的根本，否则绵延逶迤，拖泥带水，如何打动读者？"

学生追悔莫及，自认性格过于受外界左右，作品难以把握，恐不是当作家的料。

很久以后，这名年轻人遇到另一位作家，羞愧地谈及往事，谁知作家惊呼："你的反应如此迅捷、思维如此敏锐、编造故事的能力如此强盛，这些正是成为作家的天赋呀！假如正确运用，作品一定脱颖而出。"

"横看成岭侧成峰，远近高低各不同。"凡事绝难有统一定论，谁的"意见"都可以参考，但永不可代替自己的"主见"，不要被他人的论断束缚了自己前进的步伐。追随你的热情、你的心灵，它将带你实现梦想。

遇事没有主见的人，就像墙头草，东风东倒，西风西倒，没有自己的原则和立场，不知道自己能干什么，会干什么，自然与成功无缘。

走自己的路，让别人去说吧。

张扬个性，"秀"出自己才有机会

俗话说："酒香不怕巷子深。"这话只适合过去，如今是酒香也怕巷子深。一个人无论才能如何出众，如果不善于把握，那他就得不到伯乐的青睐。所以人的才能需要自我表现，而且自我表现时必须主动、大胆。如果你自己不去主动地表现，或者不敢大胆地表现自己，你的才能就永远不会被别人知道。

在电影《飘》中扮演女主角郝斯佳的费雯丽，在出演该片前只是一位名不见经传的小角色。她之所以能够因此而一举成名，就是因为大胆地抓住了自我表现的良好机遇。

当《飘》已经开拍时，女主角的人选还没有最后确定。毕业于英国皇家戏剧学院的费雯丽，当即决定争取出演郝斯佳这一十分诱人的角色。

可是，此时的费雯丽还默默无闻，没有什么名气。怎样才能让导演知道"我就是郝斯佳的最佳人选"呢？这个问题成为她思考解决的一大关键。

经过一番深思熟虑后，费雯丽决定毛遂自荐，方法是自我表现。一天晚上，刚拍完《飘》的外景，制片人大卫又愁眉不展了。

突然，他看见一男一女走上楼梯，男的他认识，正是本电影的男主角，那女的是谁呢？只见她一手扶着男主角，一手按住帽子，居然自己把自己扮演成了郝斯佳的形象。

大卫正在纳闷儿时，突然听见男主角大喊一声："喂！请看郝斯佳！"大卫一下子惊住了："天呀！真是踏破铁鞋无觅处，得来全不费功夫。这不就是活脱脱的郝斯佳吗？！"

费雯丽被选中了。

毋庸置疑，你的表现得到认可之时，就是机遇来临之日。请你务必记住一点：知道和了解你才能的人越多，为你提供的机遇也就会越多。

当然，很多人或许不会像费雯丽那样仅靠一次表现就一举获得成功。所以，我们必须有耐心和恒心，多表现几次，在一个人面前表现不行，就在更多的人面前表现；在一个地方表现无效，就在其他地方表现。当你表现多了，被发现、被赏识的可能性就会大大增加。

汉代名士东方朔，诙谐多智。他刚入长安时，向汉武帝上书，竟用了三千片木椟，公车令派两个人去抬，才勉强能抬起来。汉武帝用了两个月才把它读完。这在当时也堪称是"吉尼斯世界之最"了。在奏章中，东方朔自许甚高，称："臣年二十二，长九尺三寸，目若悬珠，齿若编贝，勇若孟贲，捷若庆忌，廉若鲍叔，信若尾生。若此，可以为天子大臣矣。"皇帝果然为此打动，但转念一想，又觉言过其实，始终未予重用。

东方朔并不死心，另辟蹊径。当时，与东方朔并列为郎的侍臣中，有不少是侏儒。东方朔就吓唬他们，说皇帝嫌他们没用，要全部杀死他们。侏儒们吓坏了，诉于皇帝，皇帝便诏问东方朔为何要吓唬他们。东方朔说："那些侏儒长得不过三尺，俸禄是一口袋米，二百四十个铜钱。我东方朔身长九尺有余，俸禄也是一口袋米，二百四十个铜钱。侏儒饱得要死，我却饿得要死。陛下要觉得我有用，请在待遇上有所差别；如果不想用我，可罢免我，那我也用不着在长安城要饭吃了。"皇帝听了大笑，因此让他待诏金马门（即古代宦署的大门），比以前亲近了许多。

有时候，沉默谦逊确实是一种"此时无声胜有声"的制胜利器，但无论如何你也不要处处把它当作金科玉律来信奉。在种种竞争中，你要将沉默、踏实、肯干、谦逊的美德和善于"秀"自己结合起来，才能更好地让别人赏识你。

像世界超模一样走路

他是英国一位年轻的建筑设计师，很幸运地被邀请参加了温泽市政府大厅的设计。他运用工程力学的知识，根据自己的经验，很巧妙地设计了只用1根柱子支撑大厅天顶的方案。一年后，市政府请权威人士进行验收时，对他设计的1根支柱提出了异议。他们认为，用1根柱子支撑天花板太危险了，要求他再多加几根柱子。

年轻的设计师十分自信，他说："只要用1根柱子便足以保证大厅的稳固。"他详细地通过计算和列举相关实例加以说明，拒绝了工程验收专家们的建议。

他的固执惹恼了市政官员，年轻的设计师险些因此被送上法庭。

在万不得已的情况下，他只好在大厅四周增加了 4 根柱子。不过，这 4 根柱子全部都没有接触天花板，其间相隔了无法察觉的两毫米。

时光如梭，岁月更迭，一晃就是 300 年。

300 年的时间里，市政官员换了一批又一批，市政府大厅坚固如初。直到 20 世纪后期，市政府准备修缮大厅的天顶时，才发现了这个秘密。

消息传出，世界各国的建筑师和游客慕名前来，观赏这几根神奇的柱子，并把这个市政大厅称作"嘲笑无知的建筑"。最被人们称奇的是这位建筑师当年刻在中央圆柱顶端的一行字：

自信和真理只需要一根支柱。

这位年轻的设计师就是克里斯托·莱伊恩，一个很陌生的名字。今天，能够找到有关他的资料实在微乎其微了，但在仅存的一点儿资料中，记录了他当时说过的一句话："我很自信。至少 100 年后，当你们面对这根柱子时，只能哑口无言，甚至瞠目结舌。我要说明的是，你们看到的不是什么奇迹，而是我对自信的一点儿坚持。"

总是一味地轻视自己，不敢相信自己的想法和决策。这种情

别让人生输给了心情

绪一旦占据心头，就会腐蚀一个人的斗志，犹豫、忧郁、烦恼、焦虑也便纷至沓来。生命，有时候是一种恶性循环，你越是不敢相信自己，很多事情越是做不好。陷入这样的旋涡里，你将从此丢了快乐，丢了幸福。

其实，世界上每一个事物、每一个人都有其优势，都有其存在的价值。二十几岁的女性朋友们，自卑是一种没有必要的自我没落，具有自卑心理的人，总是过多地看重自己不利和消极的一面，而看不到有利、积极的一面，缺乏客观全面地分析事物的能力和信心。这就要求我们努力提高自己透过现象抓本质的能力，客观地分析对自己有利和不利的因素，尤其要看到自己的长处和潜力所在，不要妄自菲薄。

保持特质才能赢得蓝天

有些人，在智商方面可能并没有什么超常的地方，但借助上帝之手，他们总有某个特质是超出常人的。这种时候，只有使这些能让自己成就大事的特质得到充分的发挥，人才有可能成长。

每个人在给自己定位或者确定方向的时候，总会受到外界这样或者那样的影响，其中包括父母的期望。在这种情况之下，一个人就容易受外在事物的影响，不遵从自身特质的指引，走上一条受他人影响、甚至由别人指定的道路。这对于任何人而言都是一种悲哀。每个人遇到这种情况时，都应该坚持，坚持自己的特质。

这里有对诺贝尔物理学奖获得者杰拉德斯·图夫特的一段描述，他的成长经历在杰出人士这一群体中就很具有代表性。

当杰拉德斯·图夫特还是一个 8 岁的小男孩时，一位老师问他："你长大之后想成为怎样的人？"他回答："我想成为一个无所不知的人，想探索自然界所有的奥秘。"图夫特的父亲是一位工程师，因此想让他也成为一名工程师，但是他没有听从。"因为我的父亲关注的事情是别人已经发明的东西，我很想有自己的发现，做出自己的发明。我想了解这个世界运作的规律。"正是有着这样的渴求，当其他孩子正在玩耍或者在电视机前荒废时光的时候，小小的图夫特就在灯前彻夜读书了。"我对于一知半解从来不满足，我想知道事物的所有真相。"他很认真地说。

图夫特告诫我们要保持自我。"最重要的是一定要决定你要走什么样的道路。你可以成为一名科学家，可以去做医生，但是一定要选择你的道路。世界上没有完全相同的两个人，这就是人类能够取得各种各样成就的原因。所以没有必要来强迫一个人去做他不感兴趣的工作。如果你对科学感兴趣，你要尽量找一些好的老师，这点非常重要。即使是这样，你也不一定就会获得诺贝尔奖，这些事情是可遇而不可求的，你不能过于注重结果，你不要期望一定能取得什么样的成就。如果你真正地投入到一个领域当中，倘若那不是你想要得到的，那么你也不能从中发现真正的乐趣。"这话深刻地揭示了保持自己的特长，让自己前行的道路能够顺应自己固有的特质延伸，对于杰出人士的成长，可谓是至关重要。

保罗·塞内维尔，在别人眼里是干什么都不行的庸才。但是，他总觉自己有点儿与众不同的地方。有一天，他脑子里飘起一段曲调，他便将它大概哼了出来，并用录音机录了下来，请人写成乐谱，名为《阿德丽娜叙事曲》。阿德丽娜正是他的大女儿。曲子谱好后，就在罗曼维尔市找了一个游艺场的钢琴演奏员为之录音。这个演奏员没什么名气，穷酸得很。德塞纳维尔给他取了个艺名，叫理查德·克莱德曼……这一演奏在音乐界引起了轰动，唱片在全世界一下子卖了2600万张，保罗·塞内维尔说："我不会玩任何乐器，也不识乐谱，更不懂和声。不过我喜欢瞎哼哼，哼出些简单的、大众爱听的调儿。"

保罗·塞内维尔只作曲，不写歌，他的曲子已有数百首，并且流行全球。20年来，保罗·塞内维尔靠收取巨额版税，生活富足。

成功人士都是这样，保持特质，最后他们得到了一片蓝天。

自己的人生无须浪费在别人的标准中

童话里的红舞鞋，漂亮、妖艳而充满诱惑，一旦穿上，便再也脱不下来。我们疯狂地变换舞步，一刻也停不下来，尽管内心充满疲惫和厌倦，脸上还得挂出幸福的微笑。当我们在众人的喝彩声中终于以一个优美的姿势为人生画上句号时，才发觉这一路的风光和掌声，带来的竟然只是说不出的空虚和疲惫。

人生来时双手空空，却要让其双拳紧握；而等到人死去时，却要让其双手摊开，偏不让其带走财富和名声……明白了这个道理，人就会对许多东西看淡。幸福的生活完全取决于自己内心的简约而不在于你拥有多少外在的财富。

18世纪法国有个哲学家叫戴维斯。有一天，朋友送他一件质地精良、做工考究、图案高雅的酒红色睡袍，戴维斯非常喜欢。可他穿着华贵的睡袍在家里踱来踱去，越踱越觉得家具不是破旧不堪，就是风格不对，地毯的针脚也粗得吓人。慢慢地，旧物件挨个儿换新，书房终于跟上了睡袍的档次。戴维斯穿着睡袍坐在帝王气十足的书房里，可他却觉得很不舒服，因为"自己居然被一件睡袍胁迫了"。

戴维斯被一件睡袍胁迫了，生活中的大多数人则是被过多的物质和外在的成功胁迫着。一番折腾下来，尽管也终于博得"别

别让人生输给了心情

人"羡慕的眼光，但除了在公众场合拥有一点儿流光溢彩的光鲜和热闹以外，我们过得其实并没有别人想象得那么好。

不管自己究竟幸福不幸福，常常为了让别人觉得很幸福就很满足，人往往忽视了自己内心真正想要的是什么，而是常常被外在的事情左右，别人的生活实际上与你无关，不论别人幸福与否都与你无关，而你将自己的幸福建立在与别人比较的基础之上，或者建立在了别人的眼光中。幸福不是别人说出来的，而是自己感受的，人活着不是为别人，更多的是为自己而活。

《左邻右舍》中提到这样一个故事：

说是男主人公的老婆看到邻居小马家卖了旧房子在闹市区买了新房，他的老婆就眼红了，也非要在闹市选房子，并且偏偏要和小马家住同一栋楼，而且一定要选比小马家房子大的，当邻居问起的时候，她会很自豪地说："不大，一百多平方米，只比304室小马家大那么一点儿！"气得小马的老婆灰头土脸的。过了几天，小马的老婆开始逼小马和她一起减肥，说是减肥之后，他们家的房子实际面积一定不会比男主人公家的小，男主人公又开始担心自己的老婆知道后会不会让他一起减肥！

这个故事自己看起来虽然很好笑，但时常在我们的生活中发生，人将自己生活沉浸在了一个不断与人比较的困境中，被自己生活之外的东西左右，岂不是很可悲？

一个人活在别人的标准和眼光之中是一种痛苦，更是一种悲哀。人生本就短暂，真正属于自己的快乐更是不多，为什么不能

为了自己而完完全全、真真实实地活一次？为什么不能让自己脱离总是建立在别人基础上的参照系？如果我们把追求外在的成功或者"过得比别人好"作为人生的终极目标的时候，就会陷入物质欲望为我们设下的圈套而不能自拔。

不要拿过去犯下的错误处罚自己

当刘翔从北京奥运会赛场上退下来的时候，他说，下一次我一定会做得很好；当程菲因为一个动作而出现失误的时候，她说，下一次我会吸取教训。尽管因为没有注意到自己的伤而导致不能坚持到最后，但是刘翔没有一直活在悔恨之中，而是鼓足了勇气面对未来的路；尽管练习了多次的动作没能发挥到最好，但是程菲也没有抓住自己过去所犯的错误不放，而是在总结了经验之后，期待另一次精彩的绽放。

可是，在生活中，有太多的人喜欢抓住自己的错误不放：没能抓住发展的机遇，就一直怨恨自己的不具慧眼；因为粗心而算错了数据，就一直抱怨自己没长大脑；做错了事情伤害到了别人，会为没有及时的道歉而自责很久……

人生一世，花开一季，谁都想让此生了无遗憾，谁都想让自己所做的每一件事都永远正确，从而达到自己预期的目的。可这只能是一种美好的幻想。人不可能不做错事，不可能不走弯路。做了错事，走了弯路之后，有谴责自己的情绪是很正常的，这是一种自我反省，是自我解剖与改正的前奏曲，正因为有了这种"积极的谴责"，我们才会在以后的人生之路上走得更好、更稳。但是，如果你抓住后悔不放，或羞愧万分，一蹶不振；或自惭形秽，自暴自弃，那么你的这种做法就是愚人之举了。

卓根·朱达是哥本哈根大学的学生。有一年暑假，他去做导游，因为他总是乐于帮助游客，因此几个芝加哥来的游客就邀请他去华盛顿观光。

卓根抵达华盛顿以后就住进"威乐饭店"，他在那里的账单已经预付过了。

当他准备就寝时，才发现由于自己的粗心大意，放在口袋里的皮夹不翼而飞了。他立刻跑到柜台询问。

"我们会尽量想办法。"经理说。

第二天早上，他仍然没找到。因为一时的粗心马虎，让自己孤零零一个人待在异国他乡，应该怎么办呢？他越想越生气，越想越懊恼，于是想到了很多办法来惩罚自己。

这样折腾了一夜之后，他突然对自己说："不行，我不能再这样一直沉浸在悔恨当中了。我要好好看看华盛顿，说不定我以后没有机会再来了，现在仍有宝贵的一天待在这里。好在今天晚上还有飞机到芝加哥去，一定有时间解决护照和钱的问题。"

于是他立刻动身，徒步参观了白宫和国会山，并且参观了几个博物馆，还爬到华盛顿纪念馆的顶端。

等他回到丹麦以后，这趟美国之旅最使他怀念的却是在华盛顿漫步的那一天。因为如果他一直抓住过去的错误不放，那么这宝贵的一天就会白白溜走。

放下过去的错误，向前看，才能有更多的收获。我们一生当中会犯很多错误，如果每一次都抓住错误不放，那么我们的人生恐怕只能在懊悔中度过。很多事情，既然已经没有办法挽回，就没有必要再去惋惜悔恨了。与其在痛苦中挣扎浪费时间，还不如重新找到一个目标，再一次奋发努力。

把"我不可能"彻底埋葬

在自然界中，有一种十分有趣的生物，叫作大黄蜂。曾经有许多生物学家、物理学家、社会行为学家联合起来研究这种生物。根据生物学的观点，所有会飞的动物，必然是体态轻盈、翅膀十分宽大的，而大黄蜂的状况却正好跟这个理论反其道而行之。大黄蜂的身躯十分笨重，而翅膀却出奇短小，依照生物学的理论来说，大黄蜂是绝对飞不起来的；而物理学家的论调则是，大黄蜂的身体与翅膀的比例，根据流体力学的观点，同样是绝对没有飞行的可能。简单地说，大黄蜂是根本不可能飞得起来的。

可是，在大自然中，只要是正常的大黄蜂，却没有一只是不能飞行的，甚至于它飞行的速度，并不比其他飞行动物慢。这种现象，仿佛是与科学家们开了一个很大的玩笑。最后，社会行为学家找到了这个问题的答案。很简单，那就是大黄蜂根本不懂"生物学"与"流体力学"。每一只大黄蜂在它成熟之后，就很清楚地知道，它一定要飞起来去觅食，否则必定会活活饿死！这正是大黄蜂之所以能够飞得那么好的奥秘。

由此可见，这世上没有绝对的"不可能"，只要敢于拼搏，一切皆有可能。

谈到"不可能"这个词，我们来看一看著名成功学大师卡耐基年轻时用的一个奇特的方法。

卡耐基年轻的时候想成为一名作家。要达到这个目的，他知道自己必须精于遣词造句，词典将是他的工具。但由于家里穷，接受的教育并不完整，因此"善意的朋友"就告诉他，说他的雄心是"不可能"实现的。

后来，卡耐基存钱买了一本最好的、最完全的、最漂亮的词典，他所需要的词都在这本词典里，而他对自己的要求是要完全了解和掌握这些词。他做了一件奇特的事，他找到"impossible

（不可能）"这个词，用小剪刀把它剪下来，然后丢掉。于是他有了一本没有"不可能"的词典。以后他把整个事业建立在这个前提下，那就是对一个要成长，而且超过别人的人来说，没有任何事情是不可能的。

当然，并不是建议你从你的词典中把"不可能"这个词剪掉，而是建议你要从你的脑海中把这个观念铲除掉。谈话中不提它，想法中排除它，态度中去掉它、抛弃它，不再为它提供理由，不再为它寻找借口。把这个词和这个观念永远地抛开，而用光明灿烂的"可能"来代替它。

翻一翻你的人生词典，里面还有"不可能"吗？可能很多时候，在我们鼓起勇气准备大干一场时，有人好心地告诉我们："算了吧，你想的未免也太天真、太不可思议了，那是不可能的事情。"接着我们也开始怀疑自己："我的想法是不是太不符合实际了，那是根本不可能达到的目标。"

假如回到 500 年前，如果有人对你说，你坐上一个银灰色的东西就可以飞上天；你拿出一个黑色的小盒子就能够跟远在千里之外的朋友说话；打开一个"方柜子"就能看到世界各地发生的事情……你也同样会告诉他"不可能"。但是，今天飞机、手机、电视甚至宇宙飞船都已变成现实了。正如那句老话所说的："没有做不到，只有想不到。"奇迹在任何时候都可能发生。

纵观历史上成就伟业的人，往往并非那些幸运之神的宠儿，而是那些将"我不可能"和"我做不到"这样的字眼从他们的

别让人生输给了心情

词典以及脑海中连根拔去的人。富尔顿仅有一只简单的桨轮，但他发明了蒸汽轮船；在一家药店的阁楼上，迈克尔·法拉第只有一堆破烂的瓶瓶罐罐，但他发现了电磁感应；在美国南方的一个地下室中，伊莱·惠特尼只有几件工具，但他发明了锯齿轧花机；豪·伊莱亚斯只有简陋的针与梭，但他发明了缝纫机；亚历山大·格拉汉姆·贝尔用最简单的仪器进行实验，但他发明了电话。

美国著名钢铁大王安德鲁·卡内基在描述他心目中的优秀员工时说："我们所急需的人才，不是那些有着多么高贵的血统或者多么高学历的人，而是那些有着钢铁般的坚定意志、勇于向工作中的'不可能'挑战的人。"

这是多么掷地有声、发人深省的一句话啊！

每一位在生活中、在职场上拼搏并希望获得成功的人，都应该把这句话铭刻在自己的记忆深处！敢于向"不可能"发出挑战，一切皆有可能！

相信自己能飞翔，才能拥有翅膀

有一位诗人说得好："使世界活跃的不是真理，而是信心！"信心是一种机动性的力量。不过这种力量不是普通的力量，而是一种在我们内心活跃着的力量。

一位心理学者曾在一所著名的大学挑选了一些运动员做实验。他要这些运动员做一些别人无法做到的运动，还告诉他们，由于他们是国内最好的运动员，因此他们能够做到。

这些运动员分为两组，第一组到达体育馆后，虽然尽力去做，但还是做不到。第二组到达体育馆后，研究人员告诉他们，第一组已经失败了，并对他们说："你们这一组与前一组不同，我们研制了一种新药，会使你们达到超人的水准。"结果，第二组运动员吃了药丸后，果然完成了那些困难练习。事后，研究人员才告诉他们，刚才吃的药丸，其实是没有任何药物成分的粉末做的。

别让人生输给了心情

如果你相信自己能做到，你就一定能做到。第二组运动员之所以能完成这些困难的练习，是因为他们相信自己一定能够做到。这就是积极的心理暗示所产生的效果。

信心是人类最伟大的力量之一。只要一点点信心，就可能完成原本所不能完成的事。当然，这并不是说只要有自信，每次都能得到自己想要的东西。但是，自信的人至少是自己做出选择，而不是听任别人为自己做主（或者是强行为别人做主）。只要他表现良好，说出了自己的感觉，那他就会对自己有信心，在人际交往中就更加坦率和诚信。